AI赋能超级个体

翟尤 霍然 著

人民邮电出版社
北京

图书在版编目（C I P）数据

AI赋能超级个体 / 翟尤，霍然著. -- 北京 : 人民邮电出版社，2024.3
ISBN 978-7-115-63084-1

Ⅰ. ①A… Ⅱ. ①翟… ②霍… Ⅲ. ①人工智能—普及读物 Ⅳ. ①TP18-49

中国国家版本馆CIP数据核字(2023)第212157号

内 容 提 要

ChatGPT 引发了新一轮关于人工智能讨论的热潮，科技圈乃至各行各业都跃跃欲试，希望借助这次 AI 浪潮乘势而起。那么，回归到个人层面，我们该如何更好地利用互联网和 AI 技术，实现自我价值，创造社会价值，充分地享受美好生活呢？

本书不仅揭示了 ChatGPT 的神奇之处，而且解读了全球范围内的生成式人工智能产业格局。此外，本书还剖析了如何在大模型时代构建个体竞争优势，梳理了超级个体的成长秘诀，并通过丰富而翔实的案例总结了 ChatGPT、文生图工具、AI 绘图工具等的使用技巧，展示了一系列超级个体实践案例。最后，本书还客观地分析了使用大模型可能面临的安全风险及应对措施。

本书旨在帮助普通人理解人工智能、大模型等新技术、新应用，并将其与自己的工作和生活紧密地结合在一起。本书旨在从实践角度出发，探索一条让更多人通过人工智能放大自身优势，成为“超级个体”的可行路径。

◆ 著　　　　翟　尤　霍　然
责任编辑　胡俊英
责任印制　王　郁　焦志炜
◆ 人民邮电出版社出版发行　　北京市丰台区成寿寺路 11 号
邮编　100164　　电子邮件　315@ptpress.com.cn
网址　https://www.ptpress.com.cn
优奇仕印刷河北有限公司印刷
◆ 开本：720×960　1/16
印张：14.25　　　　2024 年 3 月第 1 版
字数：210 千字　　　　2024 年 3 月河北第 1 次印刷

定价：79.80 元

读者服务热线：(010)81055410　印装质量热线：(010)81055316
反盗版热线：(010)81055315
广告经营许可证：京东市监广登字 20170147 号

推荐语

人工智能的飞速发展为普通人提供了弯道超车的一种可能。AI 不仅仅是个人助理，还可以让你探索更多可能，关键在于掌握和机器对话的能力——这正是这本书能为你带来的启发。

——秋叶

秋叶品牌，秋叶 PPT 创始人

AI 时代已来，未来只有两类人，一类是会用 AI 的超级个体，另一类则是普通人。用好 AI 技术，超级个体就能插上翅膀，迅速成长迭代！作为 AI 技术的推崇者，我一直带领团队全面拥抱 AI，希望读到这本书的你也能深刻感受 AI 的魅力，不要错过近年来最大的风口！

——肖逸群

星辰教育创始人兼 CEO

恒星私董会发起人

随着 ChatGPT、Midjourney 等工具的出现，AI 技术再一次扩展了人们的想象空间，甚至可能颠覆我们以往的生产和生活方式。本书深入浅出地讲解了 AIGC 相关的知识点，并通过丰富有趣的案例演示了一系列 AI 工具的使用技巧，能够帮助读者从容地驾驭 AI 工具，实现个人价值的倍增效应。

——易洋

“AI 破局俱乐部”创始人

AI 技术是新时代个体必备的核心技能，本书是业界难得的实践类好书，作者同样是 AI 技术领域的行家。这本书深入浅出地剖析了 AIGC 的核心原理、工具、实战案例等，让超级个体在复杂的场景也能够应对自如，从而真正把握 AGI 时代的新红利和新机遇。

——玄姐

"玄姐谈 AGI"视频号作者

数致科技创始人兼 CEO

前 58 集团技术委员会主席

在 AI 的浪潮中，每个人都拥有成为超凡英才的潜力。本书将你引入一个无限可能的未来，借由浅显易懂的笔触揭开 AI 大模型的神秘面纱。这不仅是一本书，更是一把钥匙，能够解锁无限可能。

——王强

ZelinAI 创始人兼 CEO

AI 技术的快速发展足以让每个人感到震惊，而本书则更进一步地探讨了如何将 AI 技术应用于个人的成长和发展中。本书通过深入浅出的方式，让读者了解了 AI 技术的基本原理和应用场景，并提供了一系列实用的案例和工具，帮助读者更好地利用 AI 技术提升自己的竞争力。对于那些希望在未来的竞争中脱颖而出的人来说，这是一本不可错过的指南。

——刘津

畅销书《破茧成蝶》《你的天赋价值千万》作者

乐道商学苑创始人

前言
PREFACE

如果问当前全球最大的风口在哪里，答案无疑就是ChatGPT引发的大模型与AIGC浪潮，这也带来了一场科技产业的变革。对个人来讲，我们则要聚焦在如何利用这次浪潮，从中发现自己的机会，在认知、实践等层面实现全面提升，成为真正的超级个体。

技术的每一次重大变革，总会引发人们对未来的期许和对现实的焦虑——期许的是，我们未来的生活会有重大变化，能够从中获得巨大收益；焦虑的是，我们是否能够在变革浪潮中乘风破浪，成为弄潮儿，而不错过这一难得的机遇。为此，在《AIGC未来已来》出版之后，作者（翟尤）一直在思考，如何更加实际地帮助普通人清晰地理解人工智能、大模型，尤其是把这些新技术、新应用与自己的工作和生活紧密地结合在一起。为此，从实践出发，让更多人通过人工智能来放大自身的优势就成为本书写作的初衷。本书总计11章，以下简要介绍本书的内容。

第1章着重从底层技术逻辑和创新之处来介绍ChatGPT这个现象级人工智能产品。如果ChatGPT是一颗“果实”的话，那么树干、树枝、树根和土壤是什么？通过阅读第1章，相信你会找到答案。

第2章从产业的角度，分析国内外在大模型产业的发展和应用布局方面的异同。尤其是准备投身大模型创业和就业的朋友，可以从一个更加宏观的角度来看待自己所处的位置，从而更加从容地步入人工智能时代的新阶段。

第3章介绍大模型的价值。“大模型”这个词闯入大众生活的时间并不长，很多人听说“大模型”这个词也就一年多的时间。既然大模型已经或者即将成为我们生活和工作的重要组成部分，那么我们该如何与它相处，如何发挥人的优势，实现人机协同呢？这一章着重分析了我们可以从哪些方面发挥人的价值来实现大模型价值的倍增效应。

第4章介绍超级个体时代的特点。每个时代都有超级个体，但在人工智能时代，超级个体不仅仅是天赋异禀的个人，更多的是那些愿意拥抱新技术、会使用人工智能工具的人。你会发现这里有两个关键词：一个是人，另一个是技术。也就是说，超级个体是人与技术的相互成就，并非单独依靠任何一方。

第 5 章着重介绍什么是超级个体，并从创业的角度分析超级个体应如何发力。借助大模型创业和大模型自身迭代之间存在相互对立的可能，当我们利用技术创新来获得优势时，技术也会很快将我们的优势吸收甚至泛化，为此我们该如何应对呢？本章对此给出了分析与解答。

第 6 章从超级个体的认知角度出发，帮助大家从应用、创新、产品、战略、生活等诸多角度分析未来可能的变化，并探讨了在变化的大潮中我们该如何应对。相信当你读完本章就会发现，未来应该通过技术来发挥人的价值，强化倍增效应。

第 7 章告诉大家使用聊天机器人的技巧，尤其是提问技巧，其中既有已经总结好的提问方法，也有一些“万能公式”。在实战案例中，我们给出了实际工作和生活中适用的方法，给大家更加直观的感受。

第 8 章聚焦文生图技术，介绍如何用文字生成图像，甚至可以把目前主流的人工智能产品和工具串联起来，实现个人效率的倍增——一个人也能完一个团队的工作，真正造就超级个体。

第 9 章介绍 AI 绘图技术，通过图生图的方式，你甚至还可以控制图片中人物的动作等。只要你有创意，可以将更多的工作交给人工智能，人工智能会让你的想象力爆棚，成为创造力无限的超级个体。

第 10 章梳理了一系列典型的实践案例，从儿童绘本到人工智能面试，从眼见不一定为实到数字人来临，从行业分析到游戏变革……相信通过这些案例，你会发现人工智能的浪潮并非天马行空，而是已经逐渐渗透到我们的工作和生活中。

第 11 章从安全的角度讨论大模型潜在的风险，让我们在享受技术红利的同时，也要重视其中潜在的网络安全风险和数据安全风险，进而从风险中发现解决方案，找到新的机遇。

最后，祝你找到适合自己的超级工具，成为这个时代的超级个体！

资 源 与 支 持

资源获取

本书提供如下资源：

- 配套彩图文件；
- 本书思维导图；
- 异步社区 7 天 VIP 会员。

要获得以上资源，您可以扫描下方二维码，根据指引领取。

提交错误信息

作者和编辑尽最大努力来确保书中内容的准确性，但难免会存在疏漏。欢迎您将发现的问题反馈给我们，帮助我们提升图书的质量。

当您发现错误时，请登录异步社区（https://www.epubit.com），按书名搜索，进入本书页面，单击“发表勘误”，输入错误信息，单击“提交勘误”按钮即可（见下图）。本书的作者和编辑会对您提交的错误信息进行审核，确认并接受后，您将获赠异步社区的 100 积分。积分可用于在异步社区兑换优惠券、样书或奖品。

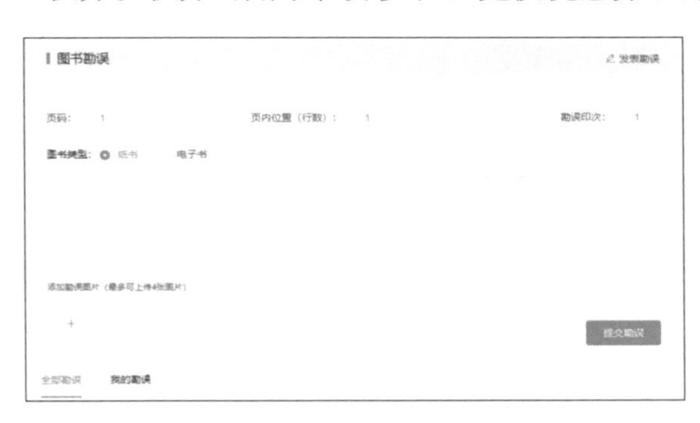

与我们联系

我们的联系邮箱是 contact@epubit.com.cn。

如果您对本书有任何疑问或建议，请您发邮件给我们，并请在邮件标题中注明本书书名，以便我们更高效地做出反馈。

如果您有兴趣出版图书、录制教学视频，或者参与图书翻译、技术审校等工作，可以发邮件给我们。

如果您所在的学校、培训机构或企业，想批量购买本书或异步社区出版的其他图书，也可以发邮件给我们。

如果您在网上发现有针对异步社区出品图书的各种形式的盗版行为，包括对图书全部或部分内容的非授权传播，请您将怀疑有侵权行为的链接发邮件给我们。您的这一举动是对作者权益的保护，也是我们持续为您提供有价值的内容的动力之源。

关于异步社区和异步图书

“异步社区”是由人民邮电出版社创办的 IT 专业图书社区，于 2015 年 8 月上线运营，致力于优质内容的出版和分享，为读者提供高品质的学习内容，为作译者提供专业的出版服务，实现作者与读者在线交流互动，以及传统出版与数字出版的融合发展。

“异步图书”是异步社区策划出版的精品 IT 图书的品牌，依托于人民邮电出版社在计算机图书领域的发展与积淀。异步图书面向 IT 行业以及各行业使用 IT 技术的用户。

目 录
CONTENTS

第 1 章 神奇的 ChatGPT 1

1.1 各界人士的关注与认可 3

1.2 ChatGPT 受欢迎的原因 6

1.3 ChatGPT“果实”的培育逻辑 7

1.4 ChatGPT 的底层技术逻辑 9

1.4.1 是预测而非认知 9

1.4.2 RLHF 的开创性 10

1.5 ChatGPT 的创新之处 11

1.5.1 人机交互的新变化 11

1.5.2 ChatGPT 的创新点 13

1.6 小知识 15

第 2 章 生成式人工智能产业全景图 21

2.1 生成式人工智能引人关注 23

2.2 生成式人工智能的经济和社会价值 23

2.3 国外生成式人工智能产业现状 24

2.3.1 格局未定 25

2.3.2 呈现“倒三角”态势 26

2.4 国内生成式人工智能产业现状 28

2.4.1 处于快速探索期 28

2.4.2 呈现“橄榄型”形态 29

第 3 章　如何在大模型时代构建竞争力　31

3.1　大模型时代，人类会被替代吗　33

3.1.1　普通人应该如何抓住这个风口　34

3.1.2　大模型时代，适应性是关键　35

3.2　大模型时代，认真生活的人更有优势　36

3.3　在大模型时代保持竞争力的秘诀　37

3.3.1　真实感弥足珍贵　37

3.3.2　科学思维与批判思维　37

3.3.3　好奇心的驱使　38

3.3.4　合作与多样性　38

3.3.5　不是每个风口都要抓住　39

3.4　从“信息无处不在”到“模型无处不在”　40

3.5　小知识　41

第 4 章　超级个体时代已来　43

4.1　人的价值不容小觑　45

4.2　重新评估人的价值　45

4.3　解决那些不确定性问题　47

4.4　职场人更渴望有生成式人工智能的“加持”　48

4.4.1　高效利用时间　48

4.4.2　减轻工作负担　49

4.5　把枯燥的工作留给 AI，去挑战更多的可能吧　50

4.6　无数个好答案，苦等你的真问题　51

第 5 章　认识超级个体　53

5.1　什么是超级个体　55

5.2 人工智能时代，你想成为什么样的人 56
5.3 超级个体的实践路径 57
5.4 发现各自擅长的领域 58
5.5 超级个体的创业之路 58
5.5.1 创业者要厘清的 5 个问题 59
5.5.2 创业者要关注哪些方面 60
5.5.3 技术收敛程度对创业的影响 61
5.5.4 如何构建竞争壁垒 62
5.6 AI 时代，如何保持个体优势？ 63
5.6.1 提高对人工智能的认知境界 64
5.6.2 终身学习已经迫在眉睫 65

第 6 章 成为超级个体，你需要掌握的 7 个新知 67

6.1 学会搭“积木”，是构建新一代人工智能公司的关键 69
6.2 向量数据库带来效率提升 71
6.3 快、小、准、人机协同 72
6.3.1 快——快速打造产品 72
6.3.2 小——团队更小 73
6.3.3 准——精准聚焦细分市场 73
6.3.4 人机协同——无代码时代 73
6.4 不看期刊，看 arXiv 74
6.5 后移动互联网时代的新“入口” 75
6.6 人工智能原生（AI Native）软件 76
6.7 成为真正热爱生活的人 77
6.8 小知识 79

第 7 章　如何向 ChatGPT 提出好问题　81

7.1　问出好问题强过找到正确答案　83

7.2　提出好问题的三个原则　84

7.3　八个你值得关注的提问技巧　85

7.3.1　明确提问目的，设定具体需求和期望　85

7.3.2　避免使用否定和双重否定，确保问题清晰易懂　87

7.3.3　分解复杂问题，逐个解决并关注细节　89

7.3.4　提供背景信息和相关需求　92

7.3.5　提问时使用比较，分析优缺点并考虑实际应用　93

7.3.6　解释原因，深入理解答案并探讨影响因素　96

7.3.7　使用条件限制，考虑实际情况并制定个性化方案　98

7.3.8　提出开放性问题，激发创造力和思考深度并关注多元观点　99

7.4　提示工程的万能“公式”　101

7.5　让 ChatGPT 成为你的“编程家教”　104

7.5.1　用 ChatGPT 获得编程学习建议　104

7.5.2　用 ChatGPT 写代码　107

7.5.3　让 ChatGPT“捉虫”　114

7.6　ChatGPT 实战案例集　116

7.6.1　关于提升学习效率的提问技巧　116

7.6.2　关于撰写文案大纲的提问技巧　121

7.6.3　关于给文案起标题的提问技巧　124

7.6.4　关于编写视频脚本的提问技巧　126

7.6.5　关于生成文案初稿的提问技巧　127

7.6.6　关于市场调研的提问技巧　128

7.6.7　关于生成 AIGC 绘画的提问技巧　134

第 8 章　文生图的“魔法” 137

8.1　AI 绘图概述 139

8.2　文生图常用配置 142

8.3　ChatGPT 和 AI 绘图：1+1 > 2 144

8.4　构建“提示词积木包” 146

8.4.1　通用绘图“积木包” 147

8.4.2　人像绘图“积木包” 153

第 9 章　在 AI 绘图的海洋遨游 157

9.1　图生图——设计师的“摸鱼神器” 159

9.2　局部重绘——请帮我换个发型 161

9.3　ControlNet——把图片生产变成“木偶戏” 164

9.3.1　让你的模特摆个造型 165

9.3.2　用一张照片“穿越时空” 167

9.3.3　给你的涂鸦“插上翅膀” 171

9.3.4　你的 AI 文字海报设计师 172

9.3.5　你的二次元卡通画师 177

9.4　展望“智能全家桶”的时代 182

第 10 章　超级个体实践案例 191

10.1　职场妈妈为小朋友制作绘本 193

10.2　面试官可能不是“真人” 197

10.3　AI 变声——听到声音也不一定是本人 199

10.4　数字人会成为情感归宿吗 200

10.5　利用 ChatGPT 快速了解一个行业 203

10.6 如何通过区块链技术来解决版权问题 205

10.7 让游戏里的 NPC 具备“智能” 205

第 11 章 客观看待大模型带来的安全风险 207

11.1 大模型本身的安全 209

11.2 使用大模型所面临的安全风险 209

11.3 大模型给现有网络安全与数据安全带来的风险 210

11.4 针对大模型安全风险的应对措施 211

11.5 大模型时代下的数据安全与 API 安全考量 211

11.5.1 如何合理地使用数据 211

11.5.2 数据合成的新机遇 212

11.5.3 AI 作品版权：我的作品是“我的”吗 213

CHAPTER 1

第1章

神奇的 ChatGPT

画中有AI

焦彦明《积木》

AIGC《积木》

ChatGPT（Chat Generative Pre-trained Transformer）是美国硅谷一家名为 OpenAI 的公司开发的人工智能聊天机器人程序。2022 年 11 月，ChatGPT 在刚发布时，得到的关注度并不高，仅在报道科技新闻的技术圈里存在讨论和传播，人们的大部分关注点是 ChatGPT 出糗的段子。然而，到 2022 年年底，人们发现 ChatGPT 获得的关注已经破圈，越来越多的人开始使用ChatGPT，甚至将ChatGPT融入自己的工作，ChatGPT 不再是仅限于科技人员或技术爱好者讨论的话题，而成为一个全球关注的“现象级”产品。

1.1 各界人士的关注与认可

ChatGPT 能得到各界人士的关注与认可，两位科技领袖的传播和宣传功不可没。首先是比尔·盖茨，他对 ChatGPT 的评价非常高。他提到，“ChatGPT 这种人工智能产品的出现，其历史意义不亚于互联网和个人计算机的诞生”。众所周知，比尔·盖茨本人就相当于个人计算机的代名词，微软公司开发了各种具有划时代意义的软件和操作系统，如 Microsoft Office 和 Windows。盖茨将 ChatGPT 与个人计算机、互联网相提并论，说明这位科技领袖非常看重 ChatGPT 的出现。当然，从商业竞争的角度来看，如果通过 ChatGPT 能够提升微软公司在搜索领域的市场占有率，那么这无疑是一个非常好的策略。除了比尔·盖茨之外，另一位科技领袖是埃隆·马斯克。他主导了两个众所周知的项目：一个是特斯拉，这款新能源汽车在全球范围内非常受欢迎；另一个是 SpaceX 的猎鹰火箭和 Starlink 卫星星链项目。在评论 ChatGPT 时，马斯克曾表示，“这项技术令人惊叹，甚至让他有些担忧，因为强大的人工智能似乎离我们不远了”。对一款人工智能产品有如此高的评价，在过去是难以想象的。比尔·盖茨和埃隆·马斯克这两位科技领袖的关注和宣传，使 ChatGPT 具有了较强的话题性，从而引发更多人的关注。

与此同时，美国对冲基金公司 Coatue 也在研究报告中指出，全球商业的每一个超级周期，往往都源于底层技术的创新，2023 年最大的变量就是生成式人工智能（Artificial Intelligence Generated Content，AIGC）的发展（见图 1-1）。

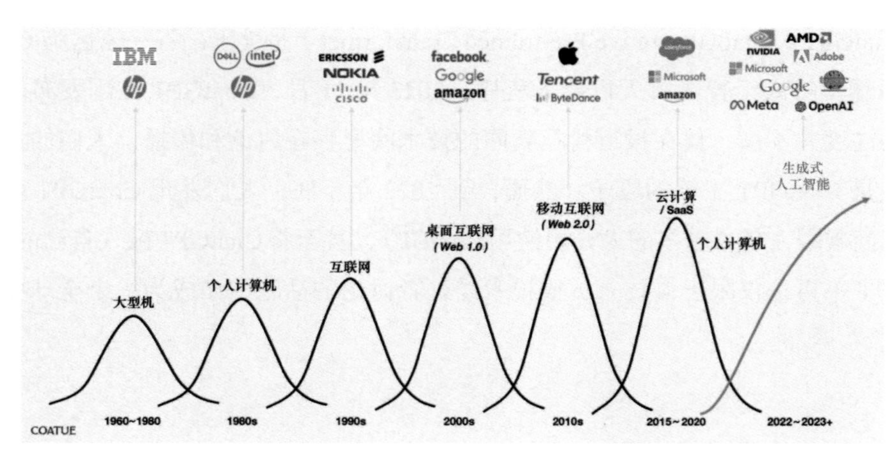

图 1-1　美国对冲基金公司 Coatue 关于全球商业周期的判断

（来源：CoatueEMW2023 报告）

此外，在国内，莫言在《收获》杂志 65 周年庆典上，也表示自己用 ChatGPT 撰写了给余华的颁奖词。无论最终莫言是否采纳了 ChatGPT 撰写的颁奖词，大众已经意识到这一轮大模型的发展，不仅仅是一时的热闹或者是噱头，而是已经进入了不同行业顶尖人才视野的新式工具。

对于 ChatGPT 而言，除了作为一款聊天机器人外，还可以用于文学创作。在一些测试场景中，例如 MBA 考试方面，ChatGPT 表现得甚至比普通人类参与者还要好。以至于英伟达的 CEO 黄仁勋也公开表示，“站在当前的时间节点来看，ChatGPT 的诞生之于人工智能领域，类似于 iPhone 的诞生之于智能手机领域。”回顾互联网和移动互联网的发展史，我们可以很明显地发现，智能手机和功能手机的分界线实际上就是 iPhone 的出现，它几乎终结了功能手机的发展历程，让智能手机大行其道，并成为移动互联网时代的“标配”。同样的，在黄仁勋的眼中，ChatGPT 的出现实际上是一个技术爆炸或产业爆炸的拐点。因此，通过这些科技巨头的认知，我们可以明确一点——ChatGPT 的出现本身就具有划时代的意义，这一点在诸多科技领袖中达成了共识。

那么，这种共识会产生哪些影响？影响会体现在哪些方面？

知名人力资源调查机构 Unleash 发布的 2023 年一季度《全球职场学习指数》报

告显示，ChatGPT 是当前职场最受欢迎的技能之一，位居全球十大人工智能技术之首。这份调查涵盖全球 15 个国家和地区的 1.4 万名被调查用户。被调查人员表示，提升工作效率是人们学习 ChatGPT 的关键驱动因素，大家喜欢用 ChatGPT 来提升他们的文本创作能力和效率。例如尝试利用 ChatGPT 完成邮件、营销文案撰写等工作。知名的《自然》杂志进行了一次问卷调查，收集众多用户使用人工智能的情况。尽管 ChatGPT 的出现时间较短，但调查结果显示，有 17.9% 的人经常使用 ChatGPT 或类似的人工智能工具。有 27% 的受访者会使用 ChatGPT 或其他 AI 工具来进行问题探讨。例如，使用者会向 ChatGPT 提问以寻求不同的观点、思路和解决方案，或者请 ChatGPT 帮助润色初稿等。而从未使用过 ChatGPT 的用户占比仅为 20.6%，这意味着近 80% 的人准备使用或实际上已经使用相关的人工智能产品。

麻省理工学院（Massachusetts Institute of Technology，MIT）的研究人员进行了一项有趣的测试，该测试邀请用户参与的任务是撰写一篇文案。在这个过程中，一部分用户得到了人工智能助手的帮助，而另一部分用户则是不借助人工智能工具独立完成的。众所周知，文案工作主要分为三个部分：内容构思、撰写草稿以及润色修改。测试结果显示，在使用人工智能技术后，人们进行内容构思和撰写草稿所花费的时间明显减少。当人们向 ChatGPT 提出一个问题后，ChatGPT 可以快速生成相关内容或初稿，这有效地提升了人们进行后续工作的效率。在传统的工作流程中，内容构思大约占用 25% 的时间，撰写草稿占 50% 的时间，润色占 25% 的时间。随着人工智能工具的出现，整个撰写工作的时间明显减少，效率得到提升。

因此，无论是《自然》这样的专业期刊，还是像麻省理工学院这样全球知名的高等学府，都在尝试将 ChatGPT 或者其他相关的人工智能产品融入工作中，从而提升工作效率。除了这些大型机构之外，ChatGPT 甚至还通过了美国明尼苏达大学的法律和商业研究生考试，以及沃顿商学院的管理学考试。

另外一个值得关注的重点是，过去我们看到的许多人工智能产品如同空中楼阁，遥不可及。然而，ChatGPT 降低了大众的使用门槛，人工智能不再是少数精英或者前沿科技探索者的特权，而是可以普惠大众的超级应用。有专家称 ChatGPT 是首款面向大众的人工智能产品，这是一个非常积极的正面认可。甚至有专家称，“未来不会用ChatGPT或其他类似产品的人，如同当前不会使用互联网、智能手机一样，在智能社会里将寸步难行”。

1.2 ChatGPT受欢迎的原因

那么，ChatGPT究竟做对了什么，使其如此受欢迎呢?

首先，交互简单。ChatGPT的交互界面非常简洁，仅包含一个对话框。这个对话框没有复杂的元素，用户只要输入问题，便能迅速得到答案。回顾过去的移动互联网或互联网产品，成功的产品往往都具有简单的界面。例如搜索引擎，无论是百度还是谷歌，用户只要在搜索框中输入问题即可。再比如微信，打开后直接可以与其他用户进行对话，整个软件的功能也极其简洁。因此，交互简单是产品成功的一个关键因素，ChatGPT恰好符合这一条件。

其次，用户体验好。ChatGPT能够“理解”用户的意图，并提供相应的回应。在与ChatGPT聊天的过程中，用户会发现ChatGPT具有非常强的拟人化交互方式和话题感，就像在与一个朋友面对面交流一样。这使很多人觉得和ChatGPT沟通并非在与一个简单的人工智能产品交流，而是在与一个类似于人类的人工智能产品进行对话。而过去的聊天机器人却经常被用户贴上“人工智障”的标签。再加上埃隆·马斯克和比尔·盖茨等科技领袖的关注与话题讨论，使其成为大众追逐的焦点，更是增加了用户的好感。

再次，对智能的理解更深。ChatGPT具有很强的创造性，而不是机械地回答问题或提供答非所问的答案。这得益于ChatGPT底层的大语言模型的泛化能力。尤其是GPT模型通过使用万亿级的参数和互联网的海量数据，使大模型产生了智能“涌现”（Emergence）的能力。在与ChatGPT聊天时，我们会发现ChatGPT能够提供整合后的信息来解答我们的问题，并且其表现超出了人们的预期。与早期的聊天机器人相比，ChatGPT不再是“检索信息 - 反馈结果”的模式，而是“整合信息 - 解决问题”的模式，这使得ChatGPT的表现远超用户的期望，甚至出现了很多“通人性”的表现，这在智能理解方面是一个非常大的飞跃。

最后，推出策略。OpenAI 在推出 ChatGPT 的过程中展现了强大的战略布局。实际上，ChatGPT 在很早之前就已经研发成功。而 GPT-4 在 2022 年 8 月就已经完成研发工作，一些科技领域的知名人士在 2022 年下半年就已经开始使用 GPT-4。在当前节点，我们发现 OpenAI 推出的 ChatGPT、插件功能、GPT-4 不仅引发用户持续关注，而且逐步构建起自有业务生态和闭环模式，同时考虑了整体架构和战略方向，与微软的合作也具有较强的策略性。得益于整体的战略布局，OpenAI 在很长一段时间内一直处于媒体关注的焦点，热度不曾消退，一度引发全球关注。

上述因素使得 ChatGPT 在某些方面甚至优于传统搜索引擎，因为搜索引擎仅能列出许多搜索结果，用户需要在结果之间筛选判断，才有可能找到自己想要的答案。而 ChatGPT 则能直接给出一个解决方案。当然，在使用 ChatGPT 时，用户也需要对结果进行甄别，但这个过程比使用传统搜索引擎更高效。这也是为什么许多人甚至认为 ChatGPT 有可能替代搜索引擎。

当然，随着时间的推移，ChatGPT 和人工智能也将从当前的狂热期，进入平稳发展期。在不久的将来，我们会发现人工智能似乎并没有宣传的那么神奇，演示效果和现实表现有着较大的差距。但是拉长时间来看，这也是新技术出现之后，必然迎来的建设期。这期间需要解决人工智能的幻觉问题，需要进行多轮迭代与磨合使人工智能和现有系统实现融合，同时需要一定时间来完善这项新技术及其配套产品。人们需要认真比较新技术带来的可能性和现实场景之间的差距，然后静下心来来弥补这些不足。

届时，人工智能将真正走进我们的生活中，变得更加好用。

1.3　ChatGPT“果实”的培育逻辑

ChatGPT 作为一款问答机器人产品，它的问世让大家眼前一亮，如同智能手机、互联网、汽车一样以前所未有的速度影响着人们。如表 1-1 所示，我们可以把 ChatGPT 看作一棵果树上结出的“果实”，那么大语言模型（Large Language Model，LLM）就是树干，我们经常提到的 GPT-3.5、GPT-4 都属于这个大模型范畴。果实（ChatGPT）的成长周期相对较短，但是一棵果树从树苗变成能够能结果的果树，需要的时间则会很长。同样，作为树干的大模型，从 GPT-1 到 GPT-4 也经历了 6 年多的时间。

表 1-1　人工智能与果树的对应关系

人工智能	果树
ChatGPT	果实
GPT-4/GPT-3.5	树干
Transformer 模型	树根
算力资源	养分、养料
高质量语料资源	土壤

要想有树干、果实，首先需要树根，我们类比到人工智能领域，树根就是基础模型（Foundation Model），大语言模型的基础模型就是 Transformer。2021 年，李飞飞教授联合多位人工智能领域的专家发表了名为“On the Opportunities and Risks of Foundation Models”的文章，这篇文章专门介绍了 Transformer 这一基础模型是基于自监督学习的模型，该模型在学习过程中会体现出各种不同方面的能力，从而为下游应用提供动力和基础理论。因此可以将基础模型看作果树的树根，它为整个果树的发芽、成长、结果提供了基础能力。

有了树根（基础模型，例如 Transformer）和树干（大模型，例如 GPT-4）之后，一棵果树能够存活还需要土壤和养料。对于大模型来讲，土壤就是算力资源和高质量的语料资源，这是模型训练和能力提升的重要保障。

在人工智能时代，数据的重要性不言而喻。大语言模型的训练需要大量数据。研究报告“Will we run out of data”显示，未来人类的原始数据可能会越来越稀少，尤其是高质量的自然语言数据最快将在 2026 年就会被大语言模型耗尽。因此，如何获得合法合规、符合商业逻辑的数据源，成为大模型时代可持续发展的关键。

因此，我们在关注 ChatGPT 这款人工智能产品，并被它优秀的表现所惊艳的同时，也要意识到 ChatGPT 的发展离不开大模型、基础模型、算力资源、高质量语料所形成的工程化创新，这一过程并非一蹴而就，而是在多年的实践过程中发展的。可

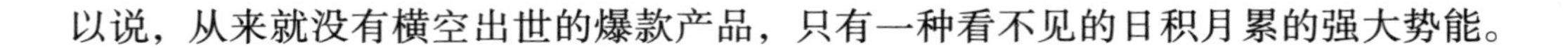

以说，从来就没有横空出世的爆款产品，只有一种看不见的日积月累的强大势能。

1.4　ChatGPT 的底层技术逻辑

1.4.1　是预测而非认知

ChatGPT 背后的核心技术是大语言模型，而大语言模型背后的核心原理是统计计算。ChatGPT 就如同一个有上千亿个变量的复杂数据方程来模拟我们大脑中的语言规则。一旦得到方程，那么每个词的出现都变成了概率问题，语言就可以被计算出来。相当于我们只要有这个方程式，就知道这句话该怎么说。

举个例子，假如我们让人工智能续写“随着科技创新的不断发展，人工智能成为”这句话，让人工智能补充后面的内容，这个时候人工智能是如何做的呢？

它通过海量语料发现“随着科技创新的不断发展，人工智能成为”之后，出现概率最高的五个词可能是“各个国家”“科技竞争”“引领”“新一轮科技革命”“人们”，人工智能在其中选择概率较高的“引领”来补全句子。因此，我们可以看出大语言模型生成内容就是选出最可能的下一个词。因此，大家在使用 ChatGPT 的时候会发现它是一个字一个字地输出回答，这种方式并非故意设置的交互方式，而是它一直在计算，即算出下一个字或词，把这个词放到句子中之后，再继续计算接下来哪个字或词出现的概率最高，因此它才呈现出一个词一个词往外“蹦”的效果。

那么 ChatGPT 是如何得到这套复杂的公式的呢？

简单来讲，海量数据和足够的计算量产生了质变。

从 2014 年 Attention 机制的提出，到 2017 年 Transformer 论文的发布，OpenAI 一步步实现关键技术迭代，才诞生了今天的大语言模型，但大语言模型（包括 GPT-1、GPT-3 甚至是 GPT-3.5）仍然不太会和人进行交流。在整个研发过程中，很关键的一点就是，OpenAI 引入了人工反馈强化学习（Reinforcement Learning from Human Feedback，RLHF）。从本质上讲，ChatGPT 是 GPT-3.5 和 RLHF 的结合，GPT 是模型，模型背后是海量数据统计的涌现效应，RLHF 技术用一系列例子教会大模型该如何与人类交流。

具体来看，大模型依靠 Transformer 机制和海量数据，实现了人工智能对人类知识的初步统计。RLHF 就是让人来给机器的输出打分，回复得好有加分，回复得不好有惩罚，从而不断地训练 ChatGPT 的“说话”习惯，也就是训练 ChatGPT 学习人们日常是如何交流的。

因此，ChatGPT 就是“统计 + 强化”的结合，ChatGPT 并不真正理解它所说的内容，只不过说得更像人话而已。

我们可以把 ChatGPT 的行为理解为抄作业，它在人类浩瀚的知识中学习，模仿我们曾经做过的事情，但是并不明白这件事的意义。由于抄的东西太多，所以给人的感觉就是非常像一个真人，但是这并不等于它真的理解。例如，我们问 ChatGPT“3+7 等于多少”，ChatGPT 实际上并没有直接计算“3+7”，而是在大量语料中进行寻找，看看哪里出现过“3+7”，统计“3+7”后面出现的是什么，发现基本上都是 10，所以 ChatGPT 就把 10 作为答复反馈给我们。

因此，ChatGPT 的答复虽然语法通顺、写得很好，看起来很专业，但是准确度和置信度却令人担忧，因为它对事实没有鉴别能力。

1.4.2 RLHF 的开创性

前面提到了 RLHF，那么它是如何在大模型里被使用的呢？

为了理解 RLHF，我们需要先了解一下 ChatGPT 在训练过程中为何要引入 RLHF。

我们先来看看 ChatGPT 是如何训练出来的。首先，在训练阶段，可以将预训练模型看作一个未加控制的“怪物”——修格斯[1]（见图 1-2），因为预训练模型的训练数据主要来源于互联网，这些数据可能包括错误信息、阴谋论等各种各样的信息，可以说这些信息鱼龙混杂、参差不齐，这个时候的模型就如同修格斯一样，像一个“怪物”。其次，使用高质量数据对预训练模型进行微调，使这个“怪物”在一定程

1 修格斯（Shoggoth）是一个虚构的怪物，源自作家 H. P. Lovecraft 的作品。

度上变得勉强可以被社会所接受。最后，使用 RLHF 进一步完善微调后的模型，让模型的输出更符合用户的需求，在这个过程中 RLHF 不仅可以提高人工智能的安全性，还能给产品带来更好的性能，从而引发大家的关注。

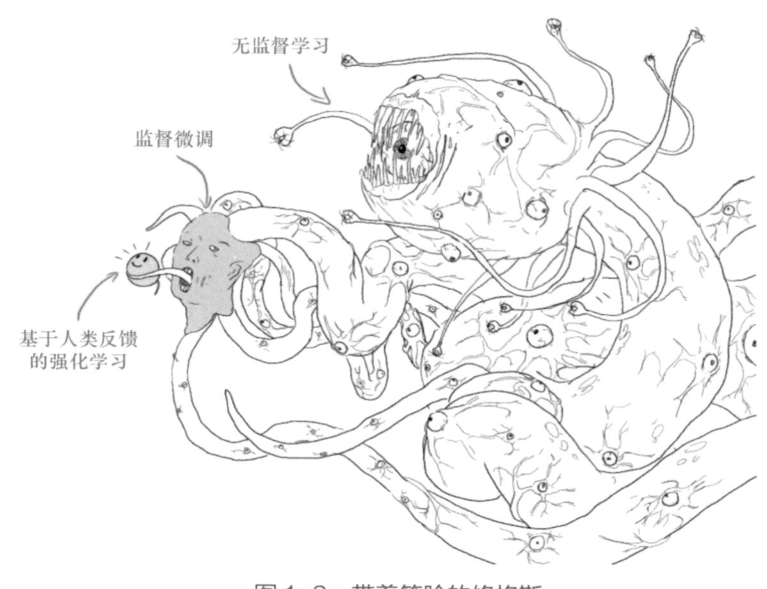

图 1-2　带着笑脸的修格斯
（来源：推特网站）

经过以上三个步骤，尤其是使用 RLHF 后，大模型的能力得到显著提升。基于此，当我们让 ChatGPT 输出某项内容时，才能如愿得到想要的结果。

1.5　ChatGPT 的创新之处

1.5.1　人机交互的新变化

较早的人机交互主要是通过命令行实现的——用户输入一段命令，机器做出相应的反应。这种工作在当时是非常高效的，但是大多数人并没有掌握这种方法。之后出现了图形用户界面，图形用户界面比命令行友好很多。比如你想写文章，你可以在操作系统中打开 Word 文档，然后输入文字，之后点击保存，最后关闭文档。用户需要做的就是在不同的菜单中找到能够解决问题的按钮或命令。当前的人机交互则是通过自然语言进行。例如，我们可以向人工智能提问，查询过去半年公司每个业务线的收益情况，尤其是和近几年的数据进行比较。如果通过人工查询，这样一个任务至少需要半天时间才能完成，但是通过大模型和自然语言交互，整个过程可能仅仅几秒就可以得出最终的答案。

自然语言处理技术自诞生以来，先后经历了以下四种任务处理方式。

（1）非神经网络下的监督学习。由人工设计一系列特征模板输入模型之中，模型性能高度依赖输入模型的特征和专家知识。

（2）基于神经网络的监督学习。通过人工对数据进行标注，用神经网络进行自动特征提取。

（3）预训练 + 精调（Pre-train and Fine-tune），在超大规模文本数据集上基于自监督方式，预训练一个具备较强泛化能力的通用大模型，然后根据下游任务特点对模型进行微调，从而减少人工参与。

（4）预训练 + 提示（Pre-train and Prompt），在预训练模型之后，不对模型进行微调，而是将任务以提示语句的形式输入模型，模型自动适配下游任务。

过去的人工智能主要是做小模型，或者说是工具类的小模型，比如一个算法主要针对人脸识别或车牌识别等。研究人员去收集数据进行数据标注，之后对模型进行训练，这样的小模型或者算法没有太多的可扩展性。随着 ChatGPT 的发展，大模型可以被视为一个具有通识性知识的“大学生”，专业领域的人员可以通过专业领域的知识和技巧来引导它，给它启发，从而让大模型帮助我们解决实际问题并完成工作。

例如，很多人认为大模型的出现会让人工智能翻译更加普及，有可能会替代人工翻译。但现实场景是，机器翻译和人工翻译正在构建新的人机协同模式。这是因为，在医疗、金融、法律等专业领域，翻译错误可能导致严重的后果，人工翻译质量稳定、可靠，因此用户愿意为人工付费。通过人机协同实现混合翻译服务，可以先用人工智能完成翻译初稿，再用人工校对进行修正。有媒体报道，这种混合翻译的模式相比纯人工翻译能节约 40% 的成本，更受用户欢迎。

未来，判断一家公司是不是人工智能公司，其标准将主要在于其大模型做得如何。

1.5.2　ChatGPT 的创新点

实际上，ChatGPT 的诞生类似于汽车、电话和互联网的问世。

以电话为例，过去人与人之间的通信非常困难，沟通受限于物理距离，效率很低，但电话的出现让更多的人足不出户就能和朋友或者亲人联系，改变了我们的生活。汽车的出现也是如此，比如在一线城市，大部分的人出行都离不开汽车，无论你是拥有一辆汽车还是打车、坐公交车，汽车成为几乎每个人都会使用的工具。互联网也是一样，它是一个普罗大众每天都需要用的产品。可以看出，这些划时代产品的问世，都是从 0 到 1 的变化，让原本分散在多个领域的技术能够通过一个产品来集中体现，最终实现量变到质变的飞跃。

ChatGPT 可能不是通用人工智能的最终形态，但是不妨碍 ChatGPT 会成为划时代的人工智能产品，它能够把之前分散在不同领域的人工智能技术和自然语言算法集合起来，通过工程能力形成一款产品。如同第一个实现人类登陆月球的阿波罗计划。登月这件事是一个系统工程，技术环节和理论环节都是现成的，并不复杂，也不需要从 0 到 1 的技术理论突破，但真正想要实现登月，却是非常艰难并且复杂的。

而且 ChatGPT 这款产品最关键的一点是，能够让很多普通用户使用。

首先，人工智能不再仅仅是对现实世界的简单复刻，而是变成了人类“想象力”的延伸。我们过去常说手机是人体器官的延伸，智能手机已成为非常重要的工具。而 ChatGPT 则会成为“想象力”的延伸。当你提出问题时，它会给出答案；当你提出一个天马行空的想法时，它可能会给你一些有用的回应和落地执行的策略。它就像一个非常贴心的助手，随时可以与你交流。这也就不难解释，为何 ChatGPT 与汽车、电话和互联网一样，都是划时代的重要发明。

例如，企业在做宣传的时候，最头疼的是哪些营销话术能说，哪些不能说。这种判断之前主要依赖有经验的法务人士，但是这很耗时而且效率不高。国内一家食品消费类公司在使用人工智能技术几个月之后，发现这个问题得到了有效解决，人工智能可以很好地对营销话术进行判断与审核，甚至能判断具体话术涉及哪些法律条文，以及曾经的判决案例是什么。这些场景在工作生活中非常普遍，也是我们经常遇到的痛点，有痛点就意味着有机会。

其次，ChatGPT 使人和计算机之间的交互变得更加自然。当我们与 ChatGPT 交流或给它下任务时，你不需要编写代码，只需用最自然的语言，就像与他人交流或与朋友聊天一样。这是非常自然、高效、个性化和智能的交互入口。

以日本为例，由于社会老龄化和新生人口断崖式下降，日本各级政府和企业都非常欢迎使用新技术来补充劳动力。日本第二大银行瑞穗（Mizuho）宣布将为公司在日本地区的 4.5 万名员工提供 ChatGPT 等生成式人工智能服务，主要应用在起草金融合同、审查法律文件、生成金融报告摘要等方面。

最后，ChatGPT 将各种人工智能技术和自然语言能力融入寻常百姓家，让每个人都能使用。人工智能从来没有像现在这样可以触达大部分人。只要你能说话或打字，就能与之交流，得到它的回复和响应。因此，正如凯文·凯利所言，评价一项技术成果需要考虑这项技术是否具有广泛的影响力和无限的可能，很明显人工智能的这个拐点可以催生出无限的可能，并引发万事万物的改变。

前不久，美国一家急诊科医生的经历就很有代表性。这位急诊科医生凌晨 3 点左右收治了一名 96 岁的阿尔茨海默病患者，患者由于肺部有积液，所以呼吸困难。患者的 3 个孩子也是 70 多岁的老人，但是在治疗方案上 3 个子女和医生争论不休，并且情绪激动。医生一边要治疗病人，一边还要安抚家属，显然时间上来不及。为此医生对 ChatGPT 下了一个指令："为什么不能给水肿和呼吸困难的人进行静脉注射，并且用富有同情心的语言来解释"，ChatGPT 写了一篇非常好的答复，医生让护士把这篇回答念给家属听，之后家属激动的情绪得到了有效的缓解。这是一个非常小的应用场景，不涉及付费和具体业务场景，但却是普通人拥抱人工智能的最细腻的体现。表 1-2 展示了生成式人工智能的典型应用领域与场景。

表 1-2　生成式人工智能的典型应用领域与场景

应用领域	应用场景	具体应用
办公软件	智能化文件管理和分类、自动化文章生成、智能排班、电子邮件过滤和摘要生成	Office Copilot、WPS AI
教育	智能化学生学习和作业辅导、自动生成试卷和考试题目、智能化评估学生表现、和 AI 聊天机器人对话练习口语	多邻国、可汗学院
搜索引擎	通过自然语言问答的方式进行搜索	Bing、谷歌
电子商务	推荐系统、广告内容生成、商品描述生成	Shopify
AI 创作	AI 文字创作、AI 自动生成图片	Midjourney、Stable Diffusion
管理软件	自动生成客户报告、营销预测、客户评估报告等，用于客户服务、定制营销等方面	Salesforce、Adobe Firefly
金融	自动化税务申报、智能化税务咨询、自动生成财务报表、客户服务、投资管理、风险管理、交易监管	Bloomberg
AI 交友	AI 虚拟偶像、AI 虚拟伴侣	Character AI

总结来说，ChatGPT 的创新之处有三点：第一，不仅仅是对技术或现实世界的复刻，而是我们想象力和能力的延伸；第二，交互更加自然，降低了使用门槛；第三，让人工智能技术飞入寻常百姓家，让每个人都能使用。

1.6　小知识

如何理解人工智能大模型的能力“涌现”？

人工智能大模型存在能力“涌现”的现象。有专家曾经指出，当大模型的参数达到 600 亿及以上的时候，大模型就可能展现出前所未有的新能力，也就是我们经常听到的能力“涌现”。

那么为何会出现这种情况呢？

从理论上来讲，目前业内尚未有较好的方法来论证这一观点，但现象已经得到大家认可。也就是说理解一个现象和用公式推导证明是两回事。就如同我们可以轻松理解 1+1=2，但是要证明为何 1+1=2，则需要非常深厚的数学功底。

下面，我通过一个图片案例来看看“涌现”到底是怎么一回事。

第一步，请看图 1-3。

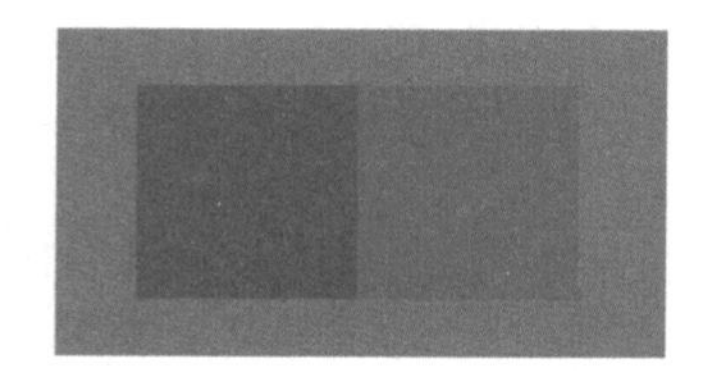

图 1-3　2×1 像素图像

从图中能看到的信息不多，主要是两个色块。

第二步，再看图 1-4。

图 1-4　4×2 像素图像

图 1-4 和图 1-3 差别不大，只是多了更多不同颜色的色块。

第三步，再看图 1-5。

图 1-5　8×4 像素图像

从图 1-5 中还是看不出什么，但是仔细观察图中有不少元素。

第四步，继续，我们再看图 1-6。

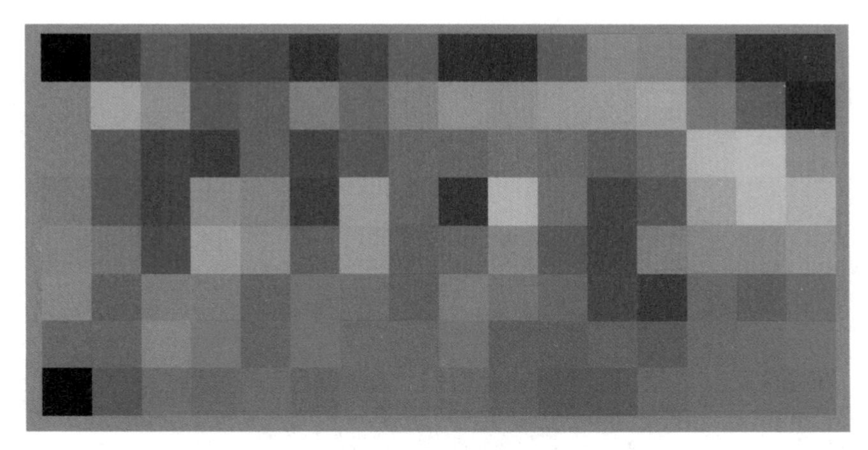

图 1-6　16×8 像素图像

图 1-6 的图像色彩更丰富了，好像能看到点东西，但是具体是什么仍然看不出来。

第五步，再接再厉，看看图 1-7。

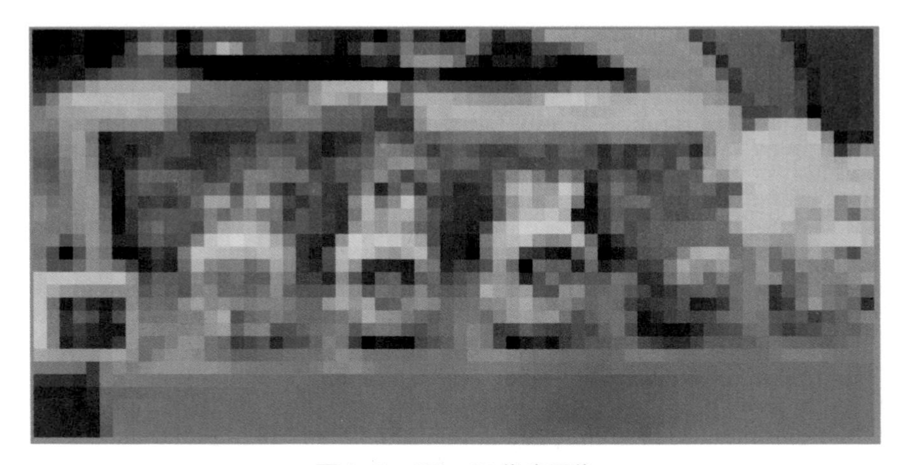

图 1-7　32×16 像素图像

到了这一步，我们能看到图中有几个玩偶的形状，但是具体是什么还是看不清楚。

第六步，最后一次机会，我们来看看图 1-8。

图 1-8　64 × 32 像素图像

相信很多人看到这张图的时候，可以很明显地看出图中有 5 个公仔，而且是戴着兔子耳朵的公仔，有白色、绿色等不同的颜色。到这一步相信很多人都能看出个大概。

之所以如此详细地介绍整个过程，是因为这整个过程类似一次“涌现”。从第一步到第六步，图片的像素规模都依次扩大了 4 倍。

第一步：2 × 1=2 个像素色块。

第二步：4 × 2=8 个像素色块。

第三步：8 × 4=32 个像素色块。

第四步：16 × 8=128 个像素色块。

第五步：32 × 16=512 个像素色块。

第六步：64 × 32=2048 个像素色块。

在整个过程中，前四步基本上没有人能看出来图像到底是什么，到第五步极少数人能够进行辨认，到了第六步基本上所有人都看明白了图像的内容。

因此，第六步就有了非凡的意义，这个意义类似于能力“涌现”，是一种突然的理解和获得——在涌现之前毫无痕迹，在涌现之后轻而易举。当然，也有一部分朋友在第五步的时候就能看出来图像的大概内容，这个特征就是“涌现”的临界点，或者叫“阈值”。也就是说在这个点的附近“涌现”会不稳定地发生。根据研究人员的分析可知，大模型能力“涌现”的阈值在 600 亿参数左右。

通过不断扩大图像像素产生的“涌现”，就如同通过扩大模型参数规模获得的“涌现”一样。因此，对于大模型的能力“涌现”，当你从理解层面掌握这个概念之后，它就可以成为你思考相关人工智能问题的基础，成为你构建更大、更复杂思维的“积木”。至于如何证明这个结论，可以留给真正的科学家来完成。

CHAPTER 2

第 2 章

生成式人工智能产业全景图

画中有AI

茜茜《 阳光森林 》

AIGC《 阳光森林 》

据 PitchBook 公司统计，2020 年一季度至 2022 年四季度，全球生成式人工智能的融资金额并不高，相关交易数也不多。直到 2023 年一季度，生成式人工智能进入爆发期。随之而来的是相关创业公司陆续宣布获得大量融资，2023 年一季度，生成式人工智能领域的创业公司宣布了超过 100 亿美元的交易金额，涉及 46 笔交易。截至 2023 年 5 月初，全球的生成式人工智能独角兽达到了 13 家，除了大家耳熟能详的 OpenAI，还有 Hugging Face、Cohere、Jasper、Runway 等知名的生成式人工智能创业企业。

2.1　生成式人工智能引人关注

在人类历史文明中，生成式人工智能是首个能够创作“新”内容的技术应用。回顾科技发展史，我们会发现：印刷机出现后，人们可以复制文字，但是就复制所引发的传播而言，其内容依旧是人类创作的内容。2022 年年初之前，人类所看到的内容绝大部分是人类自己生成的。但是 2022 年以后，人们看到的内容，无论文字、画作、视频、音频等，都需要打一个问号——这是人类创作的，还是人工智能创作的？

随着时间的推移，这种界限的模糊也让生成式人工智能成功吸引了全球的关注。大量创业者开始进入生成式人工智能领域，希望在新的技术发展风口中抢占一席之地。

2.2　生成式人工智能的经济和社会价值

麦肯锡咨询公司为了调研生成式人工智能的价值，对全球 850 种职业进行了调研，同时涵盖了生成式人工智能的 63 个应用案例和 2100 多项工作内容。根据麦肯锡公司发布的《生成式 AI 经济潜力》报告显示，随着生成式人工智的深入应用，科技、金融、零售、医疗、制造等行业将成为受影响最大的几个行业，每年将产生 1 万亿美元的经济效益。如果人工智能在各个行业中广泛应用，例如降低生成内容的成本、提升内容质量带来的收入等，预计每年会产生 2.6 万亿～ 4.4 万亿美元的经济效益，这相当于当前英国一年的 GDP（2021 年，英国的 GDP 达到 3.1 万亿美元）。

从社会价值角度来看，大部分工作会受到人工智能的影响，受影响的工作中有 75% 将分布在客户运营、营销和销售、软件开发、产品研发等领域。预计到 2040 年，生成式人工智能可以使劳动生产率每年提升 0.1% ～ 0.6%，当然这一预测依赖于技术采用率和将工人时间重新部署在其他工作的进展。

在客户运营方面，麦肯锡公司经调研发现，在一家拥有 5000 名客户服务代理的公司中，使用生成式人工智能技术，可以将每小时解决问题的效率提升 14%。对于经验不足的员工，生成式人工智能可以有效帮助其提升工作效率和服务质量。

在营销和销售方面，生成式人工智能有助于促进个性化内容的创作和销售效率的提升。例如，生成式人工智能可以帮助营销和销售人员撰写创意文案、增强专业数据的使用和优化、发现产品的个性化使用等。

在软件开发方面，生成式人工智能可以有效提升软件开发人员的工作效率。麦肯锡研究数据显示，生成式人工智能对软件工程的生产力影响明显，可以帮助软件开发人员缩短花在某些枯燥工作上的时间，例如代码修改与重构、Bug 的原因分析等。

在产品研发方面，生成式人工智能可以帮助研发人员有效缩短研究和设计时间，让生产力提升 10% ～ 15%。以生命科学和化工产品的研发为例，生成式人工智能可以更快地生成可能的分子结构，加速开发新药物和新材料的过程，这可能会使制药公司和医疗产品公司的利润大幅增加。

2.3 国外生成式人工智能产业现状

目前，国外生成式人工智能市场尚处于充分竞争态势，无论是龙头科技企业还是创业公司，都在不断地开展技术创新。细分市场的竞争格局尚未确定，仍处于发展和变化中。同时，国外生成式人工智能市场在应用层呈现出百花齐放的局面，模型和算力领域基本稳定，而从行业上下游关系角度来看则呈现“倒三角”态势。

2.3.1　格局未定

当前，国外生成式人工智能发展得如火如荼，产业界已经有了很多独角兽企业，但是其细分行业的生态格局未定，依然充满变数。

如图 2-1 所示，当前国外生成式人工智能产业界主要有两类企业。一类是细分应用型公司，聚焦在文本 / 对话、图像 /UI、视频、音频、3D 和代码等领域。这类公司在诸多细分场景布局和提供服务，例如营销与内容、文娱游戏、办公 / 效率工具、生活 / 社交以及垂直行业等。细分应用型公司在这些场景提供各种工具，并出现了一些头部企业。另一类是综合型公司，例如微软、谷歌、Meta、亚马逊等，这些公司在人工智能领域一直有布局，在算力、人才、资金等方面有较为充足的储备，并在这轮大模型创新热潮中拥有共识，认为大模型的发展是下一次技术创新的关键点。

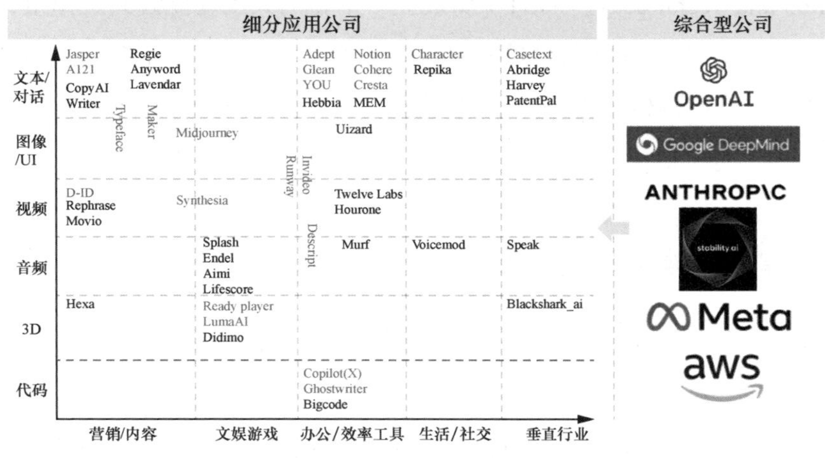

图 2-1　国外生成式人工智能企业业务布局

从细分应用型公司来看，大量工具型公司的竞争较为激烈，不少公司都在尝试开拓不同细分场景或者模态领域的业务，比如聚焦“文生图”领域的创业公司，很自然地希望在“文生视频”领域发力。

从综合型公司来看，他们虽然没有第一时间推出大量工具型产品和解决方案，但是会依托自有的产品进行迭代，并把细分应用型公司的产品功能作为自有产品的一个模块，因此会给细分应用型公司带来一定的冲击。

从政策方面来看，2023 年 5 月 4 日，美国政府宣布了一项行动公告，包括 3 项旨在进一步促进美国在人工智能领域负责任的创新行动。一方面，美国国家科学基金会宣布提供 1.4 亿美元资金，启动 7 个新的国家级人工智能研究所。这项投资将使美国的 AI 研究所总数达到 25 个。新研究所将推进人工智能研发，以推动气候、农业、能源、公共卫生、教育和网络安全等关键领域的突破。另一方面，几家 AI 生产商——Anthropic、谷歌、Hugging Face、微软、英伟达、OpenAI 和 Stability AI——愿意接受对其 AI 产品的公开评估，以验证这些产品是否遵守美国之前提出的《AI 权利法案》。公开评估将向研究人员和公众提供有关这些模型影响的关键信息，以供人工智能公司和开发人员了解这些模型中存在的问题并采取相应的措施予以解决。同时，美国商务部宣布，美国国家标准与技术研究院（National Institute of Standards and Technology，NIST）将成立一个新的人工智能公共工作组，以应对可以生成文本、图像、音频和视频等内容的生成式人工智能技术所带来的风险与挑战。该工作组将帮助政府部门制定关键指南，以帮助解决与生成式人工智能技术相关的风险。

2.3.2 呈现“倒三角”态势

从产业发展的角度来看，国外生成式人工智能产业呈现典型的“倒三角”态势（见图 2-2）。

在算力与硬件层，主要由头部芯片企业提供相关产品。例如，英伟达、AMD 以及谷歌等企业能够为自身甚至整个行业提供算力资源，确保在大模型时代有足够的算力可供使用。在基础模型层，集中发展的趋势愈发明显，OpenAI、谷歌、Meta 等头部企业形成了较强的优势。在行业模型层，针对特定行业进行模型开发的企业并不多。即使是针对垂直领域的模型研发，大多数企业也会考虑基于开源模型进行二次开发。在应用层，许多企业会从规模、资源、成本和自身优势的角度考虑，倾向于通过调用 API 接口来为终端客户提供服务。这类企业在国外生成式人工智能企业中所占比例较高，其业务模式也是大量工具类企业的发展模式。

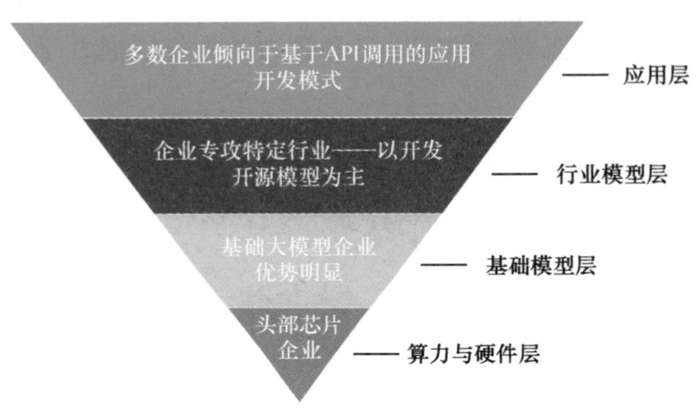

图 2-2　国外生成式人工智能产业呈现“倒三角”态势

综上所述，就国外生成式人工智能产业而言，在算力与硬件层，只有极个别企业能够提供服务；在基础模型层，有向大的科技公司集中的趋势；在行业模型层，多以开源模型为基础进行二次开发；在应用层，大量企业开展模型 API 调用业务，涉及的企业数量较多。

同时，我们发现了一个非常有意思的现象：在人工智能时代，企业都在不断打破传统的业务界限，以期实现跃迁。例如，英伟达在过去几十年中，主要是面向图形和通用计算来开发 GPU；在人工智能新浪潮下，英伟达开始进入云服务领域，未来或许会成为一个专门面向生成式人工智能的云服务提供商。又如，传统的科技巨头（例如微软）开始加快在大模型、云服务、芯片等领域的布局。从业务角度看，微软更了解自己需要的是什么样的模型和应用，以及用什么样的芯片做优化更为合适。再如，SaaS 领域的巨头 Salesforce 之前主要聚焦应用层，现在也开始做自己的大模型，彭博（Bloomberg）则在 2023 年发布了专门面向金融领域的大模型。可以看到，不同的企业都在求变，以期赶上生成式人工智能技术的发展浪潮。

2.4 国内生成式人工智能产业现状

当前，国内生成式人工智能发展迅速，甚至堪称“百模大战”。一些头部科技企业和创业公司将大量资源投入大模型研发当中。从全局来看，我国的生成式人工智能领域呈现“橄榄形”态势，即应用层和算力及硬件层尚处于初始阶段，而模型层则处于加速成熟阶段。

2.4.1 处于快速探索期

我国生成式人工智能技术发展起步较晚，国内企业的商业模式和定位目前还处于探索阶段，企业间的发展路线差异较大。总的来看，按照所涉足业务的不同，国内生成式人工智能企业大致分为以下六类（如表 2-1 所示）。

表 2-1 我国生成式人工智能特征分布统计表

企业类别	硬件 / 工具	基础模型	行业模型	应用
1	✔			
2	✔	✔		
3		✔	✔	✔
4		✔	✔	
5			✔	✔
6				✔

一是硬件 / 工具类，这类企业主要提供算力资源，帮助其他企业对模型进行辅助训练、数据标注和数据采集等基础工作。**二是硬件 / 工具 + 基础模型类**，这类企业拥有算力和硬件资源优势，例如，国内部分科技企业依托自身的底层资源来自建或优化基础模型，从而实现模型基础设施的完善，提升企业的服务能力。**三是基础模型 + 行业模型 + 应用类**，目前国内互联网企业大多属于这种类型，即通过自身能力来构建基础大模型基础设施，然后根据在不同行业积累的数据和客户独有的数据训练行业底座模型，再针对下游任务和具体的场景需求来对行业底座模型进一步微

调，最终适配到更具体、更专业的应用任务中，解决客户需求。四是基础模型 + 行业模型类，这类企业同样是通过自身能力开展基础模型的建设和研发，之后根据不同行业经验和数据对基础模型进行微调，从而形成行业基座模型，最后将行业基座模型的 API 接口开放。五是行业模型 + 应用类，这类企业不再聚焦基础模型的研发，而是将更多的资源投入具体行业当中，通过自建中等规模模型或者微调成熟的开源基础模型在业内形成优势，尤其是结合行业里的知识与经验来进行场景产品设计。六是纯应用类，这类企业将主要资源投入产品开发当中，通过调用封装好的模型 API 或者直接利用开源模型进行产品开发，而企业自身不从事模型的开发。

2.4.2　呈现“橄榄型”形态

国内生成式人工智能产业发展与国外略有不同，整体呈现“橄榄型”态势，如图 2-3 所示。

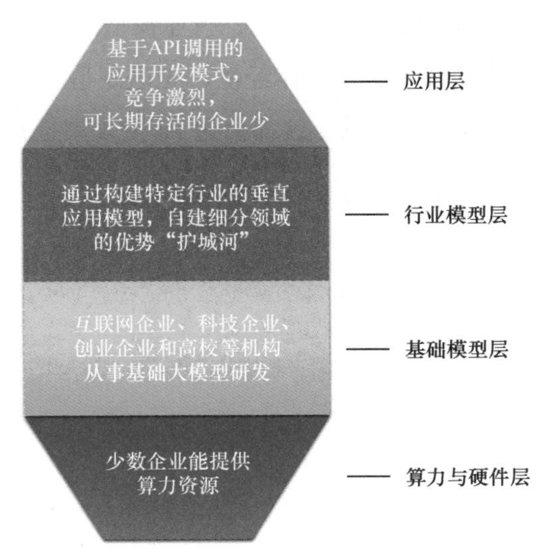

图 2-3　国内生成式人工智能产业呈现“橄榄型”态势

在算力与硬件层，能够提供足够算力或者相关服务的企业数量较少。在基础模型层，国内大量科技企业在 2023 年上半年发力，陆续发布了自己的基础模型，这其中包括互联网企业、科技企业、高校，甚至创业型公司都在基础模型方向进行布局，这与国外仅有 OpenAI、谷歌、Meta 等少数企业进行基础模型开发的态势形成了鲜明对比。国内企业注重基础模型，一方面体现了企业对基础能力足够重视，另一方面也为后续我国大模型生态的发展奠定较好的基础。在行业模型层，国内应用场景丰富，给行业模型的发展提供了较为宽广的舞台，目前已有的行业模型涉及教育、金融、文旅、医疗、工业、政务等领域。针对垂直行业的专有模型也会激发更多行业加快数字化转型和人工智能技术的普及应用。在应用层，由于竞争激烈，且企业难以通过调用其他模型的 API 接口构建自身的“护城河”，因此已经快速从蓝海变成红海，能够长期存活的企业相对较少。

需要指出的是，未来行业模型会在很多高价值、特定领域的工作流程中发挥价值，这主要是因为垂直行业对专有数据集的依赖程度较高，容易形成竞争优势。比如，Bloomberg GPT 这个模型的参数量只有 50 亿左右，比 GPT-3 的 175 亿小很多，虽然其通用性不如 GPT-3，但在金融领域的优势非常明显。经测试，专有模型在相应行业中的表现明显优于通用模型。在国内，行业模型的价值逐渐开始显现，AI 与产业融合的节奏明显加快，特别是在实体经济、先进制造、智能驾驶等领域，有可能会出现更多的创新模式和应用场景，这都会为 AI 的发展提供更好的环境和机会。

CHAPTER 3

第3章

如何在大模型时代构建竞争力

画中有AI

朵朵《彩色线条》

AIGC《彩色毛毛虫》

大模型最大的价值是从深层次打破了时间与空间的局限。时间和空间的局限一旦被打开，整个社会的创造力将会被进一步引爆。因此，在人工智能进入拐点的时刻，做一万件平庸的事情，都不如做一件代表未来的事情更为重要。在 2023 年夏季达沃斯论坛上，《2023 年十大新兴技术报告》中生成式人工智能位列其中，并且排名位居第二。报告对生成式人工智能的评价是，生成式人工智能是一种强大的人工智能类别，可以通过学习数据中的模式、使用复杂的算法和受人脑启发的学习方法，创造新的原创内容。这项技术可以应用于各种领域，包括药物设计、建筑和工程。Gartner 的一份研究报告显示，未来几年生成式人工智能将对制药、制造、媒体、建筑、室内设计、航天、电子和能源行业产生巨大影响。预计到 2025 年，将会有超过 30% 的新药、新材料由生成式人工智能发现；大型企业或组织的 30% 营销信息会由人工智能生成。到 2026 年，会有超过 1 亿人和生成式人工智能一起工作。到 2027 年，将会有 15% 的应用程序直接由生成式人工智能生成，无须人工参与其中。

3.1　大模型时代，人类会被替代吗

可以肯定的是，人工智能不会取代我们，取代我们的是会使用人工智能技术和工具的人。人工智能的每次技术突破都会引发人们对自身工作是否被替代的担忧和焦虑。实际上，与其焦虑，倒不如更多地思考如何借助人工智能的力量让工作更高效、让个人能力进一步提升。未来的“超级个体”会越来越多，人们可以借助各种人工智能工具实现以一当十，极大地增强个人的成就感。例如在当下，人们已经可以利用人工智能帮助自己撰写大纲、润色写作、做 PPT 等。只有把人工智能当作工具融入自己的工作当中，才会更加真切地发现其对提升我们工作效率的价值。

众所周知，在汽车出现之前，人们的主要交通工具是马车。如图 3-1 所示，左边这张图片拍摄于 1900 年美国纽约的第五大道，大家会发现这条道路上行驶的绝大部分车辆是马车，只有一辆是汽车；而右图，仅仅过了 13 年，在同一个地点，马路上行驶的绝大多数是汽车，只有一辆是马车。

图 3-1　美国纽约大道马车与汽车变迁

这说明新技术必然会替代旧技术。新技术的出现会让一些旧职业消失，同时也会催生新的职业。如果人们只是守在旧职业上，那么大概率会被淘汰。但如果能够顺势而为，去适应这些新技术，去使用这些创新应用，例如使用 ChatGPT 或生成式人工智能工具，我们就会在这个过程中发现如何将这些技术与工作相结合，并提升效率，成为会使用人工智能工具的超级个体。

3.1.1　普通人应该如何抓住这个风口

实际上，我们每个人都可以抓住这次人工智能的发展风口，重点需要从以下几个方面着手。

首先，我们不能将人工智能视为"神"，视为动画片里的机器猫，而是应该客观地把人工智能看作工作助手。动画片中机器猫的肚子上有一个神奇的口袋，它可以从口袋里拿出各种神奇的工具，来解决各种问题。然而，我们没有必要神化人工智能，因为它还有大量问题没有解决，有专家甚至认为当前的人工智能还远没有狗的智商高。因此，我们只需将人工智能视为一种工具或者一个助理即可，这样就能客观地认识它、使用它和驾驭它。

其次，我们与人工智能并非敌人，它并非要抢走我们的饭碗。技术的发展是无法阻止的，它必然会有这样或那样的发展趋势。就像过去人们使用竹简，后来使用毛笔和纸张，再后来使用计算机来处理文字工作。在这个过程中，我们从未认为计算机和手机会替代我们的工作，反而将它们视为工作生活的帮手。因此，我们需要与人工智能合作，将其视为工具和助手，而不是敌视它。

最后，让技术提升我们的创造力。既然人工智能的效果如此显著，那么我们应该充分利用它，将其作为一个非常好的工具，提升我们的创造力和竞争力。人加机器人，可能会产生更大的价值。

3.1.2　大模型时代，适应性是关键

越是可以靠脑子"智取"的，人工智能越能帮上忙。

人和机器都有自己擅长的领域，在人工智能擅长的领域我们可以尽可能多地发挥其价值。

在战略思维方面，人工智能可以在速度、创新、规模等方面超越人类和传统技术的限制，帮助企业获得前所未有的生产力、洞察力和灵活性。在软件开发和运维方面，软件开发和运维工作主要涉及理解和生成文本信息，这正是大语言模型的强项。在商务拓展方面，大语言模型通过其强大的理解、分析和生成文本的能力，可以显著增强公司在商业机会发现、市场拓展、客户关系管理和资金筹集等方面的思考和决策能力。

例如，美国有一家叫作 DoNotPay 的公司，主要是为中小企业提供人工智能法律服务。对于很多小事情，大家往往不会去考虑打官司，因为性价比太低，而且耗费不起那么多时间和精力。DoNotPay 抓住这个机遇，利用人工智能将整个法律流程数字化和智能化，让用户很容易进行操作，并且收取少量费用。比如，当你想停掉健身房的会员费的时候，不仅流程烦琐而且没有人工客服，DoNotPay 可以帮你找到正确的联系方式、替你撰写好申诉邮件，从而帮助用户完成退费工作。

越是需要靠人力和机器实践的，大模型起到的作用就越有限。

技术研发具有较强的实践性，许多新技术方案是否可行和有效，需要通过理论推导、模拟实验、原型开发等实践手段去检验和验证。目前大语言模型在这方面能力较弱。大语言模型是一种软件工具与技术手段，其助力主要体现在提高软件开发

和运维的生产效率上，对硬件供应链的影响较为间接和长期。要想真正将技术转化为客户可以信赖和使用的产品与服务，企业还需要在许多人为因素和系统集成等方面做大量工作。这需要企业在硬件研发、生产、供应链管理等方面具备一定的实力和经验，大模型在这些领域能提供的直接帮助有限。

未来，人工智能会淘汰那些适应性差的人，而那些勇敢拥抱变化的人则会受益。往往是对技术的驾驭能力更强的人会发现新的机会。因此，我们看到现在 ChatGPT 或者人工智能领域，有很多人开始进行创业和探索。就像马车和汽车的例子一样，适应性差的人会被淘汰。如果在新技术出现之后，你仍然坚持旧观念，就像 200 多年前用马车和火车比赛一样，失败是必然的。旧的生产方式必然会被替代，这是一个客观规律，不可能被打破。新的岗位和工作又会诞生，我们应该学习如何利用它进行创新。因此，在新技术出现后，你要重视它，要去使用它。

3.2 大模型时代，认真生活的人更有优势

未来人工智能的价值将会更加隐性。未来我们的生活会有大量人工智能参与其中，衣食住行、吃喝玩乐，但大语言模型深度参与的大部分情况是“隐形”的，我们可能意识不到未来享受的某项服务、使用的某种工具背后有大量的模型在参与其中。就如同我们现在使用的智能手机，普通用户并不了解其中基带芯片、陀螺仪、GPU 是如何工作的，更无须了解手机是如何散热的，以及曲面屏的工作原理是什么，只要使用过程中信号稳定、续航时间长、拍照清晰、存储空间大就可以。

在提高供给侧效率的同时，需求侧门槛不会增加。大语言模型的优化主要体现在提高供给侧效率，而对于需求侧，它并不会增加我们在工作和生活中的使用门槛。如果大语言模型的使用门槛提高，那么除非有巨大的收益驱动，否则用户的“惰性”将会阻碍这类应用和解决方案的普及和实施。因此，在大模型时代，相关技术和产品的创新将进一步降低门槛，甚至使门槛趋近于零。这样的发展趋势有利于更多人更便捷地使用这些先进技术，从而推动整个社会的进步。

对于认真生活的人来说，他们具有更大的优势。人与人工智能之间的一个重要

区别在于，人能够投身于物理世界的各种事务中。在这些事务中，人们可以获得直接的感受、体验和情感，从而创造新的价值。因此，认真关注工作和生活中个人能力的成长与体验，才能更好地与人工智能协同发展。特别是在共情和情感类体验方面，每个人的经历都不同，因此并没有统一的标准。围绕人的服务和需求，将会产生更多新的职业选择。例如，那些能够提供情感价值的职业将具有更大的优势。在这个时代，我们应该更加重视个人的情感体验和成长，以便更好地利用人工智能技术，共同推动社会的进步。

3.3　在大模型时代保持竞争力的秘诀

大语言模型的落地普及，让知识的获取不再是难事。想要依靠现有知识和技能维持竞争力，变得越来越难。因此，想要继续保持竞争力，就需要不断创新，寻求新的体验，提出新的解决方案。那么如何进行创新？

3.3.1　真实感弥足珍贵

随着人工智能的发展，用户在很多情况下已经难以用肉眼分辨哪些是真人，哪些是由人工智能生成的。这将使线下体验和直接见面的重要性愈发凸显，甚至可能提升到一个新的高度。在这样的背景下，许多人可能需要重新回归线下生活，以寻找自我价值的肯定和真实感。这种趋势将进一步丰富人们的感官体验，从而形成自己独特的优势。在一个日益依赖人工智能的时代，我们应该更加重视线下交流和亲身体验，以便在这个数字化世界中找到真实的自我和价值。通过这种方式，我们可以在与人工智能共存的未来中，保持自己的独特地位和优势

3.3.2　科学思维与批判思维

未来我们需要更多的是科学思维和批判思维，这在工作中是人们与人工智能的

巨大区别。当大量工作可以由人工智能来完成的时候，企业的员工将从“目标的执行者”转换为“目标的实现者”。人们需要做的则是判断有什么任务、哪些任务需要完成，并定义不同任务完成的标准。以人工智能绘画为例，人工智能可以创作出精美的画作，但是要画什么、画成什么样、怎么画才能吸引用户，都是人们需要做的事情。因此，人工智能的出现，可以让更多人实现角色的转变，更加接近领导者的思维模式。一个人也可以成为一支队伍，去追求自我实现的目标，而不再局限于完成某个细分领域的任务。

3.3.3 好奇心的驱使

寻求新的体验和创造新事物的动力与欲望，很大程度上源于我们与生俱来的好奇心。实际上，好奇心很大程度上是一种由“知识差距”引发的痛感。这个差距不能太大，当我们感觉只需再获得一点点知识，就能解开心中的谜团时，便会有强烈的驱动力去继续钻研，弄清楚问题。这也解释了为什么知识越丰富的人，好奇心反而更强。知识丰富的人会发现更多“不完全懂，但稍微努力一点就可以彻底弄懂的问题”，从而构建出一个“知识越丰富→越好奇→知识更加丰富”的良性循环。因此，加强终身学习，不断丰富自己的知识，是激发好奇心的最佳途径。在这个快速发展的时代，我们应该珍视好奇心，努力学习，不断充实自己。通过终身学习，我们可以保持对世界的好奇心，发现更多有趣的问题，从而推动自己不断成长和进步。这样的态度将有助于我们在未来的生活和工作中取得更高的成就。

3.3.4 合作与多样性

连接不同背景与视角的人，能够创造新价值。逆全球化和经济衰退导致现实世界中人与人之间的不信任感增强。在这个大家越来越缺乏耐心的时代，谁能够尊重彼此的多样性，愿意以“各美其美，美美与共”的原则来处理人际关系，从而在这个过程中建立起拥有不同背景和不同观点的人之间的信任关系，实现有效合作，谁就有可能在不同学科、不同观点和不同视角的良性碰撞下，激发出新的火花。

在这个多元化的世界中，我们应该学会尊重和欣赏彼此的差异，以开放的心态去接纳不同的观点和看法。通过建立信任关系，我们可以实现跨学科、跨文化的合作，从而创造出新的价值。这种价值不仅体现在经济层面，还包括文化、科技和社会等方面的进步。因此，在这个充满挑战和机遇的时代，我们应该努力拓展自己的视野，学会与不同背景和观点的人沟通交流，共同创造新的价值。这样的态度也将有助于我们在未来的生活和工作中取得更高的成就。

3.3.5　不是每个风口都要抓住

很多人都会问：为什么大模型这次的风口不是中国企业率先抓住？为何 OpenAI 没有出现在中国？实际上，我们在每次风口出现后，看到一些领先的成功者就想问为何我们当时没做到。要知道，神经网络在此次大模型引发全球关注之前，长期以来被人工智能领域称为“异类”，很多研究人员排斥或者已经放弃了与神经网络的相关研究。然而值得庆幸的是，杰弗里·辛顿（Geoffrey Hinton）、杨立昆（Yann LeCun）等人并没有放弃，还是持续对神经网络进行研究。也就是说风口出现之前，这些科研人员已经在行业低潮中默默做了很多事情。因此与其问为何中国没有率先研发出来 ChatGPT，倒不如问问有多少人在行业低潮的时候依旧坚持做自己热爱的研究，甚至把这些基础研究作为一种职业。有专家披露，在 OpenAI 做研究的人平均年薪为 25 万美元，但是这些人去谷歌等科技公司的话，能够拿到 50 万美元的年薪。正是因为这些人有坚定的理想，对通用人工智能的未来非常笃定，所以能不断潜心研究。由此可见，对于所研究领域的热爱是弥足珍贵的，可以让人们不会因为高潮或者低潮而改变初衷。

大模型的出现让大部分人之前积累的经验彻底归零，即使对大模型有研究的人，其积累的能力和经验也不够充分。大家基本上在同一条起跑线上，大量互联网产品会在人工智能时代被重新做一遍。技术在人工智能时代将不是唯一的优势，更不能成为唯一的壁垒，创造力、创新精神、真情实感的重要性将更加凸显。

3.4 从“信息无处不在”到“模型无处不在”

当前，我们正面临一场宏大的人工智能技术变革，它既会改变我们工作生活的方式，也会改变我们的思考模式。这种变革涉及思考框架、实践体系和方法论，具备范式变革的核心特征，因此会产生更广、更深、更全面的影响。我们即将从“信息无处不在”的时代，转换到“模型无处不在”的时代。

回顾历史，我们会发现获取信息的方式和途径，是移动互联网产业变革的根本因素，其推动力量主要是成本结构发生了改变。具体来看：当前，我们每次获取信息的成本越来越低，但是前期一次性投入的成本却越来越高。例如，我们现在去餐馆点餐的时候，使用菜单或者让服务员记录的方式越来越少，取而代之的是直接扫码就可以在手机上点餐，获取菜品、价格、图片、优惠信息几乎没有成本，我们唯一需要支付的只是一些手机的电费和流量费用。但是开发这套点餐系统的成本则是巨大的，需要一系列研发和运行维护的投入。但是通过移动互联网技术，用户获取餐馆点餐的信息成本变得没有很低，其中的成本变成科技公司来一次性承担。这也使得信息变得无处不在，世界变得更加扁平化。

未来，我们将进一步升级，进入模型无处不在的时代。

相比于信息时代，模型时代的产能会更大。模型代表的不仅仅是信息，更多的是代表知识。知识的力量是无穷的，因此模型的发展速度也会比过去更快。在模型快速发展的时代，一方面人的独特见解和认知变得非常珍贵；另一方面大量的工作可以通过模型来完成。例如运营公司需要一组模型，包括战略、营销和研发等，社会各个层面需要解决的问题将由相应领域的模型与人组合来实现。在不久的将来，我们打开智能设备时将调用各种不同类型的模型。如同移动互联网时代的点菜系统一样，未来会有更多新的科技企业出现，它们会承担过去“点菜系统”的开发成本，承担大量模型开发的成本，为用户低成本使用模型构建出新的商业模式，最终产生新的范式，打造新的产业变革。

技术的本质是人们使用基于科学开发的工具去改变自然现象，将信息转化为资源去满足人们的需求。整个人类经济社会发展史就是技术驱动史。在农耕时代，人

们主要通过农作物的光合作用获得生存资源和能源；在工业时代，人们主要靠化石能源加上机械、电气、电子设备来获得收益；在数字时代，人们则是将信息越来越有效地转化为能源，为我们所用。例如特斯拉在新能源汽车领域的发展，就非常值得关注：特斯拉通过信息、软件、人工智能等技术加速能源转换效率。而传统的汽车厂商还在沿用流水线、设备和工人模式。因此，如何让信息更有效地转化为能源，从而让技术驱动创新成为直接生产力，这是特斯拉获得成功的关键。

在数字时代，数字化是经济社会发展的重要驱动力，一方面数字化和可编程的能力可以更有效地转化为能源；另一方面数字化是人的能力延伸，数字化成为我们认知和能力的拓展。随着模型时代的到来，数字化范式将会发生更迭，进而通过模型驱动来改造世界，满足人们的需求。

例如，随着模型参数规模的进一步减少，可以将模型封装到各种移动设备当中，我们要做的事情就是让模型来辅助人们的工作，提升效率。因此，人们的脑力劳动将聚焦于非常独到的见解和发展独特的认知能力。未来时代的典型工作将是创业者、科学家和艺术家相互合作创新的过程——科学家和艺术家形成独到的见解，创业者把这些见解变为现实，彼此之间也将发挥更大的协同作用。

3.5　小知识

大模型的参数规模是训练之前就确定好的吗?

是的，大模型的参数规模在训练之前就已经确定下来了。此外，神经网络结构有多少层，每层有多少个参数也都是在一开始就设计好了的。以 GPT-3 为例，在训练一开始就确定了 1750 亿参数，但是每个参数的权重是在训练过程中不断变化、训练结束之后才会被固定下来的。

模型参数既然是人为设定的，那么想做多大模型就可以做多大吗?

理论上是这样的。但是参数越大，对算力和数据的要求也就会越高。因此，企业都会权衡自身的算力资源、成本投入以及模型收益等方面，构建一个合理可行的模型参数量。

大模型有多大，能够下载到本地吗？

大模型可以下载到本地。如果每个参数是一个浮点数（4 字节）的话，GPT-3 有 1750 亿参数，相当于 600 GB ～ 700 GB，大约是一个移动硬盘的容量。未来我们会见到更多参数越来越小的模型，成为个人用户的标配。

CHAPTER 4

第 4 章

超级个体时代已来

画中有AI

焦彦明《可爱的水母》

AIGC《可爱的水母》

在互联网时代，人们的工作以脑力为主、体力为辅，主要借助计算机、手机等智能化工具来完成工作。在人工智能时代，人们的工作更注重创新，大模型等新一代工具由此成为新的生产力工具。未来，人类将更多地负责创新探索，其他的都交给新一代人工智能工具，从而替代部分脑力和体力工作。

4.1 人的价值不容小觑

回顾近代科技的发展历程，我们会发现，技术创新固然重要，但是人的价值更弥足珍贵。

20 世纪 90 年代初，马克・安德里森看到了网页浏览器的巨大价值，决定辞职创业，创立了著名的网景通信公司。杰夫・贝索斯在创立亚马逊之前，是对冲基金公司的分析师，他在分析互联网用户数据时发现网民的增速飞快，于是开始尝试从网络书店进军互联网行业。在 2000 年互联网泡沫期间，贝索斯敏锐地发现了危机，提前锁定融资，最终留足现金流，从而顺利度过危机。黄仁勋在成立英伟达之前是 AMD 公司的图形处理芯片设计师，1993 年，他与其他两位合作伙伴一致认为下一波浪潮就是加速计算，认为基于图形计算的 GPU 可以解决很多 CPU 无法解决的问题，于是创立了英伟达公司。

从这些科技领袖的经历中，我们发现对技术的发现、利用和创新弥足珍贵。针对新事物的出现，很多人并不比以上这些知名人物发现得晚，但是优秀的人能够坚定心中的理念，面对挫折也不退缩，最终成为新时代的弄潮儿。而技术只是一种创新的工具，人的价值才是关键。

4.2 重新评估人的价值

未来的大门已经缓缓打开，5 ～ 10 年内人的价值会被重新评估，而这很可能与其当下的选择密切相关。这里的“选择”不是今天中午吃什么或者上班路上是打车还是坐地铁，而是关于如何面对人工智能挑战的选择。

这里我们先给出一个结论——人工智能时代，人的价值更重要。人工智能也许会替代很多人的重复性工作，但是人的价值其实更重要。

以预制菜和餐厅主厨为例，我们都知道预制菜方便实惠、口味标准，可以满足人们的基本需求。但是在去餐厅就餐时，我们更注重菜品的品质和服务体验，而主厨就是保证菜品的质量和特色口味的那个人。如果是预制菜模式，技术驱动下的产品生产效率和转化效率将是首位。但是随着技术的进一步普及，预制菜也将变得竞争激烈，最终胜出的可能还是主厨模式，尤其是在充斥着大量机器生成内容的环境中，那些具备高识别度特征的内容和人，有望变得更有价值。

在未来，超级个体有望在与人工智能的竞争中胜出。因为人工智能无法取代的东西还有很多，比如与用户的情感联系、共情能力、社区服务、定制化的服务等。以直播行业为例，如果创业团队希望有长足的发展，需要构建“1+1+*N*”的模式，即 1 名主播、1 个社区、*N* 个机器人。

- 1 名主播：核心内容的创作者，需要有独特且可持续的价值，能吸引大量观看者并将其转化为关注者。
- 1 个社区：主播的粉丝和关注者，支持主播的发展。
- *N* 个机器人：可以协助主播进行内容生产、直播、自动化运营等，提升内容效率和用户体验。

未来，主播能否引发关注，更多地取决于其个人素质，而机构或者 MCN[1] 将更多地聚焦在服务和功能上，类似于给“主厨”提供更多的赋能支持和基础设施。

在未来，人依旧是影响社会发展方向的关键。人工智能虽然发展迅速，但是还无法感知情绪，也无法准确感知人的心理活动，而这恰恰是人类所擅长的。因此，在人工智能即将普及的当下，我们应该更加重新审视自己和周围的人，多去与人交流、体验生活、感受周围的花草树木与山川大海，这些都是弥足珍贵的。

科技发展的本质和终极意义，应该让人拥有更多可以用于创新和探索的时间，而不是成为“工具”或“机器”。

1 一种网红自媒体运作模式。

4.3　解决那些不确定性问题

如果我们把人工智能所做的事情拆解开来，就会发现人工智能实际上包含记忆、预测和行动三个系统。

举个例子，假如某人第一次去机场坐飞机，他频频出错，显得笨手笨脚。但是他真的笨吗？并非如此，其实是因为他对眼前发生的所有事情都没有任何“记忆”，不知道如何过安检，不知道如何选座位……，才会显得手足无措。

回到人工智能领域，实际上人工智能的本质其实是记忆、预测和行动的组合，即智能＝记忆＋预测＋行动。

那么，人工智能要解决什么问题呢？实际上，人工智能要解决的是“非固定信息结构”的不确定性问题。

从传统的软件来看，软件是解决固定信息结构的确定性问题。例如外卖 App，它的信息结构很规范，即各种菜品的列表，左边是菜品的类别和图片，右边是菜品的基本信息和价格。用户需要做的就是选择自己感兴趣或者需要的菜品，确认之后，就可以下单。

如果用人工智能的方式来重做一遍这个场景，会有什么新的发现呢？你可以直接在对话框里输入“我饿了”，人工智能会检索你的聊天记录，知道你最近在减肥，就会推荐你吃减肥餐。但是你不愿意周末还如此“自律”，告知人工智能“想放纵一下”，那么人工智能会说“可以，但是下周你要增加锻炼强度”，然后向你推荐附近的涮羊肉餐馆，同时更新你下周健身的计划。这就是一个典型的非固定信息结构的不确定性问题。因为一开始你并不知道自己要吃什么，而是在与人工智能互动中一步步明确了自己的目标和诉求的。

再如，前面提到的某人首次乘坐飞机的例子。机场一般很大，很容易迷路，即便有各种导航、引导信息，但第一次乘坐飞机的人还是容易走错地方，也可能不了解各种登机流程，例如不知道如何买票、选座位、托运、安检，以及去哪里找登机口等。如果机场能够提供相应的人工智能服务，那么他只需说出需求，比如“需要托运行李之后马上过安检，然后在休息区休息一下”。那么人工智能可以将整个计划进行分析、解读，并给出详细的引导方案。

也就是说，人工智能重点解决非固定信息结构的不确定性问题。以这个标准来看我们当前的手机应用，会发现绝大多数应用并不符合这样的要求，这也意味着人工智能时代，我们有机会以更智能的方式来做之前在应用上做过的事情。

4.4 职场人更渴望有生成式人工智能的“加持”

2023 年，生成式人工智能浪潮引发全球关注，大量企业和个人将在这一轮大模型的研发和应用过程中得到“重塑”。2023 年 5 月，微软向全球 3.1 万名职场人发起调研，并发布了《2023 年工作趋势指数报告》（见图 4-1），重点观察职场人对人工智能的看法，以及人工智能对生产力的影响。

图 4-1　微软《2023 年工作趋势指数报告》封面

4.4.1　高效利用时间

随着工作节奏越来越快，职场人每天要处理大量的邮件和信息，并且需要对这些信息加以浏览、判断、反馈、记录、总结等。这些工作占用了职场人大量的时间，导致他们在工作中发挥创造性的时间被压缩，此外，大量流程性工作也使职场人难以在工作中保持长时间的专注。

调查数据（见图 4-2）显示，有 60% 的管理者表示团队缺少创新或者突破性想法，68% 的员工表示在工作日中没有足够长的时间可以保持专注，导致工作效率下降，无暇从事创新性思考。未来，有了大模型和生成式人工智能的“加持”，人们需要更加简化且高效的方式，将自己从基础性、流程性的工作中解脱出来，为推动具有创新性的工作争取时间和精力。

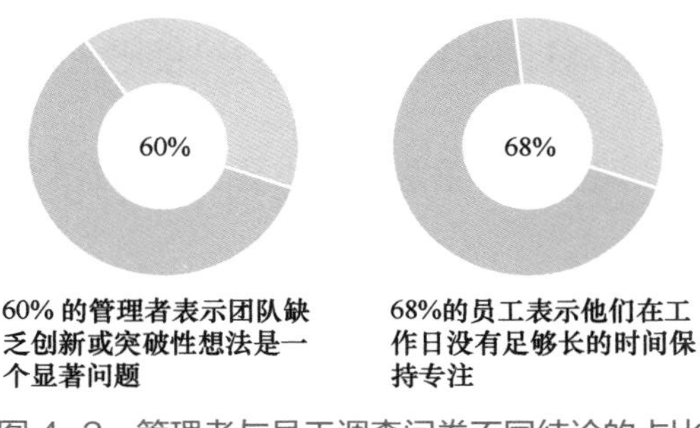

图 4-2　管理者与员工调查问卷不同结论的占比

4.4.2　减轻工作负担

职场人一方面担忧人工智能可能会取代自己的工作，另一方面也希望能够得到人工智能的“加持”，减轻自己的工作负担。在这次调研过程（见图 4-3）中，有 86% 的受访者希望人工智能帮助他们快速找到需要的信息和答案，有 80% 的受访者希望人工智能帮助他们总结概括会议内容和项目任务，70% 的受访者表示愿意把尽可能多的工作委托给人工智能。

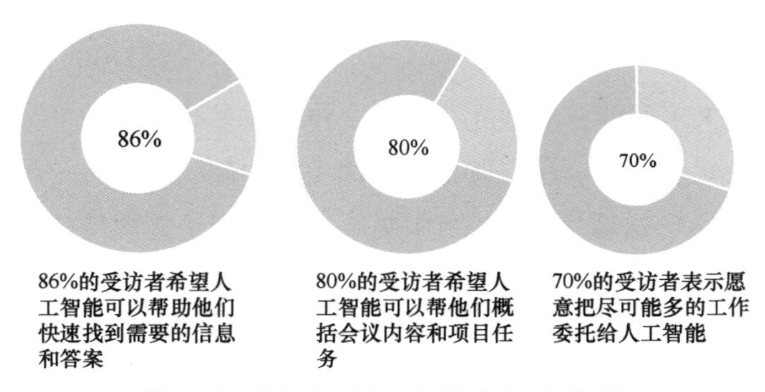

图 4-3　受访者对人工智能的态度与期望

人类与人工智能的协作将引领未来工作模式的变革。与人工智能一起“工作”和“共事”，将是未来职场人的必备技能，借助人工智能分析判断、解决复杂问题，以及掌握独到的创造性思维和独创性技能，是职场人需要具备的新的核心竞争力，也是成为“超级个体”的关键所在。

4.5　把枯燥的工作留给 AI，去挑战更多的可能吧

在人工智能时代，大量枯燥、重复的工作会交由机器来完成，让职场人能够更多地关注创造性的工作。

如果你在建筑设计院工作，那么可以用人工智能对设计报告进行初审，查看前后结论是否一致，评估过程是否符合规范标准等。如果你在证券公司工作，那么可以用人工智能对公司 IPO 的底稿进行查询、提取标签，自动生成符合规范的债券发行报告。如果你在文旅公司工作，那么可以用人工智能将历史人物转化成数字人，以提供实时对话聊天服务，丰富展厅效果。如果你是在医疗机构工作，那么可以用人工智能对患者进行健康评估。

互联网和移动互联网的发展足以说明了“人机协同”的强大倍增效应。在短视频平台上，有主播们创作的各种视频。这些视频的拍摄不需要数十年的学习，仅用几周时间就可以让一个普通人学会视频拍摄和制作的基本方法，接着就能够利用这一工具和技巧来创作作品。这样的创造力在他们学会使用这些技术之前就蕴藏在他们的体内。有了新技术和成熟平台的“加持”，普通人也能成为一名创意工作者。

客观来看，人工智能并非独立存在的个体，而是我们的助手，人工智能或许可以替代我们 99% 的工作，但是却把剩下的 1% 的能力放大了一千倍甚至一万倍。哪些能力可以归结于这珍贵的 1% 当中呢？大概率会是人独特的感受、体验、灵感和独立思考能力。

对于真正有创造力的人，人工智能可以更好地放大他的价值。

4.6　无数个好答案，苦等你的真问题

如果人工智能能够给出很多问题的答案，那么人类求知的“问答”天平将向问题一侧倾斜。进一步讲，人与人之间的能力差距将主要体现在提问能力上。随着回答能力的大幅提升，更多好的、深刻的问题会浮出水面。很多看似稀奇古怪的问题，本来在逻辑空间里是存在的，但是因为过去的问答能力有限，所以很多问题和答案并不能出现在我们的视野里。

可以说，人工智能有无数个好答案，在苦等人们能够问出一个真问题。

未来，学习领域也将发生范式革命：以“知识”为中心的时代，将让位于以“学习者”为中心的时代。过去的学习者面对的是一座座高耸入云的知识“山峰”，攀登学业高峰是异常艰难和痛苦的。未来在人工智能的帮助下，学习者的目标则是聚焦整个知识网络的核心。

人工智能可能是滔天巨浪，但人永远要踏浪前行。

CHAPTER 5

第 5 章

认识超级个体

茜茜《彩虹与云朵》

AIGC《彩虹与云朵》

5.1　什么是超级个体

简单来讲，超级个体就是具有组织的力量，或者依靠个体就能驱动一个组织前进的人。超级个体经常被誉为“一个人就是一支队伍”，这也意味着超级个体具有非常强的杠杆效应。

大的 IP 作家就是超级个体，比如写出《明朝那些事儿》的当年明月、写出《哈利波特》系列的 J.K. 罗琳、苹果公司的创始人乔布斯都是超级个体的代表。如果要按行业划分的话，超级个体在脑力劳动者中更常见，比如知名的经济学家、医生、学者等。

那么，以找工作为例，超级个体和普通人有什么不同呢？

传统的思路是，我觉得这个专业很不错，因为就业市场的需求很大，未来的待遇也会很好。对此，超级个体的思路则是，我喜欢做这件事，为了完成这件事，我需要人手、技术，所以我需要学习一门技能帮我掌握相关技术，还需要学习管理，以驱动更多人帮我实现目标。

企业和个人之间的关系在未来也将发生变化。对于个体来讲，应更好地拥抱教育，让自己更具创新精神和创造力，然后把自己的经验、智慧、能力进行复制——这在过去是作家、明星、演员才能做到的，他们出版的书籍、唱片、影视作品可以不断地售卖和播放，具有一定的特殊性。但是人工智能给了大部分人同样的可能，将自己的经验、智慧、能力广泛传播并产生价值。

过去，我们认为一家企业非常优秀，往往是基于它的规模较大。例如，世界 500 强企业的员工规模通常达到上万级别，在多个国家和地区有分公司。未来，我们会发现，员工人数少的公司也能创造高收益。以 Discord 和 Midjourney 为例，Discord 这家公司的年营收额为 1 亿美元，员工人数为 600 多人，融资金额为 55 亿美元；而 Midjourney 作为一款非常火爆的人工智能应用，即“文生图”的应用，其员工人数仅 11 人，但其年营收额也达到了 1 亿美元。同样是 1 亿美元的营收额，一家公司有 11 个人，另一家公司有 600 多人，效率高低非常明显。因此，未来公司的规模会越来越小，两三个人或三四个人就能组成一个公司，这样的小团队可以形成一个“最小的战斗单元”，完成各种任务。

还有一个不同是“工具人”与“使用工具的人”的区别。这里的“工具人”是指从事一些重复性工作的或者仅仅从事某一个局部的重复性工作的人。这样的“工具人”很可能会被淘汰。未来，希望大家不要成为“工具人”，而要成为“使用工具的人”。

5.2 人工智能时代，你想成为什么样的人

人工智能的发展已经进入窗口期，处在这样一个历史机遇中，你希望成为什么样的人呢？

“匠人”：我们经常听到一个词叫作“大国工匠”，在人工智能领域，绝大部分人很难达到这种境界，但还是有很多创业者和研究人员有着匠人的精神，这类人有着自己的想法和目标，善于围绕自己的目标把其他资源作为通向成功道路的工具和手段，人工智能也将成为“匠人”的工具，用来打磨自己的作品。

“布道者”：这类人虽然不参与具体的技术实践，但是他们有着强烈的好奇心，对人工智能的发展非常感兴趣，表达能力又很出众，也乐于分享，可以快速、准确地总结出人工智能的趋势和特点，从而帮助更多人去理解。

“炼金术士”：这类人如同我们经常谈到的技术研发人员，他们事先可能对人工智能的创新并没有强烈的兴趣，但是对新技术并不排斥，更关注人工智能在具体问题的解决能力和效率——是否可以更快、更好地完成交付，如同炼金术士关注炼金术是否能够真的炼出真金白银一样。当业务需求越来越多时，技术研发人员（“炼金术士”）的需求量也会越来越多。

“投机者”：“投机者”在大模型出现的初期特别明显，比如常见的方法就是利用信息差，很多投机者会售卖课程、制作一些人工智能小工具，这种方式可以马上获得收益。“投机者”更关心当前哪些事情更能够快速地赚到钱，哪怕是一锤子买卖的快钱。

“煤炉工”：这类人的工作其实和炼金术士有一定的关联性。他们承担了海量数据的标注工作，工作相对繁重。少数“煤炉工”会在完成工作的同时努力提升自己，成为“炼金术士”的助理，帮助处理流程性的工作等。

5.3　超级个体的实践路径

未来，人类能力的最佳体现就是对各种工具的调用和组合。如果你会使用 Midjourney 和 ChatGPT 等工具，就可以迅速将这些工具融入工作中，不仅有助于效率的提升，还能创造出新的产品或作品。当使用 OpenAI 提供的插件功能时，你就可以直接输入“请比较不同购物网站上苹果手机的价格”，让 ChatGPT 直接给出答案。这些工具就如同游戏中的装备一样，装备性能的高低决定了玩家的存活度。你的工具箱里将不再只有一种“工具”，而是各种各样的“工具”，这些工具可以充当你的“记忆库”“望远镜”“助手”等，帮助你成为一个“超级个体”，从“工具人”变成“使用工具的人”。

在超级个体时代，许多人会借助人工智能来组建团队。团队的人数不需要很多，只要有好的想法，就能快速地进行实践，创造出新产品。这个过程如图 5-1 所示。

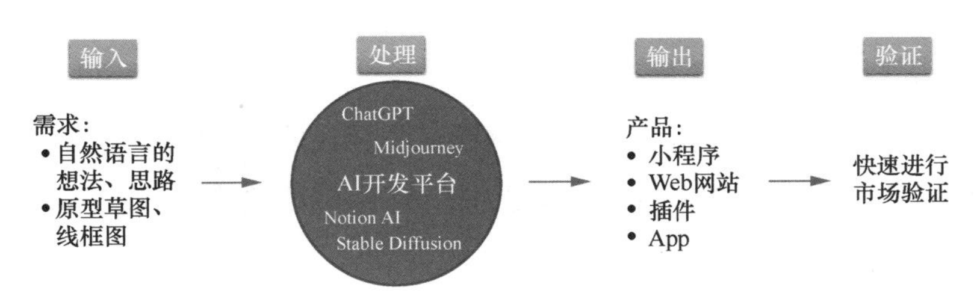

图 5-1　超级个体的实践路径

首先，用户有一个想法或需求，这相当于在输入端有一个需求，随后，用户可以通过自然语言的方式描述出来，形成一些草图或框架图。有了这些想法和草图，用户可以将它们交给人工智能或 AI 开发平台。开发平台可以是 ChatGPT 或者 AI 设计平台。平台一旦接收到需求或框架图，会迅速处理并输出结果。输出的结果可以是小程序、App 或 Web 网站——这些结果可以在几分钟内得出。过去可能需要一个月或两个月的时间才能有一个样品，而现在可能只需一天甚至半天就有初步实现。完成后，我们可以用初级产品去做市场验证。根据验证的结果对产品加以迭代或调整，进而快速完成实践并形成闭环。在超级个体时代，过去按年、按季度生产产品的周期会大大缩短，变成按月、按周甚至按天迭代产品。

5.4 发现各自擅长的领域

人类和人工智能在不同领域各有擅长，我们从以下几个维度加以对比。

在学习知识方面，人类学习的数据量远低于人工智能。从孩童到成年，人类所学习的数据量并不大。不过，对于人工智能来说，大模型需要海量数据“投喂”。例如，GPT-3 的参数达到 1750 亿，国内一些大模型的参数甚至达到万亿级。之所以出现如此大的差别，是因为人脑学习可以举一反三，快速理解其中的意义，而这一能力是目前人工智能所不具备的。

在量化识别分析方面，人工智能更胜一筹。例如，从 100 万幅图像中筛选出需要匹配的图像，这是人类所不擅长的，因为需要逐个进行检索和比对，非常耗时耗力，而且准确度并不高。然而，人工智能可以对其进行并行处理，最终实现快速比对和查找。

在个性化定制方面，我们经常说的个性化定制，例如为不同用户推荐适合的产品，对于人脑来说是非常复杂的过程。然而，如果要分析用户喜欢观看的短视频类型，人工智能就可以迅速记录用户观看某类视频的时长，以及标注是否点赞、转发等标签。有了这些标签，人工智能可以有针对性地推送用户可能感兴趣的内容。

在对抽象概念的分析和理解方面，人类具有强大的举一反三能力，人工智能在这方面则表现较差。这就是为什么当 GPT 刚推出时，很多人嘲笑它连十以内的加减法都能算错。也就是说，人工智能在抽象概念和分析推理能力方面的能力较弱。需要指出的是，ChatGPT 和 AIGC 所谓的“创造力”主要依赖于海量的数据，而这些数据又来自对人类的模仿。客观来讲，这种模仿主要是贴合人类的统计学思维。

5.5 超级个体的创业之路

在生成式人工智能和大模型浪潮中，超级个体所面临的挑战和机遇并存，但是创业之路并不容易，在选择“做什么”和“怎么做”两个问题上，既要考虑传统创业的问题，也要考虑新技术范式特有的属性。

5.5.1 创业者要厘清的 5 个问题

一是客户需求。在大模型时代，如果创业者只是开发工具类产品，那么用户的付费意愿会非常低（尤其是在国内）。即使估算的用户数量和市场规模再大，实际布局的过程中仍难以获得较好的盈利，尤其是想获得长久持续收益的工具类产品更是难上加难。

二是颠覆程度。新产品开发实现了从无到有，那么需要探索进一步优化现有流程和降低成本的空间，进而要构建自身产品和企业的“护城河”。

三是构建竞争壁垒。一方面，创业者需要抵御后发竞争者，尤其是做同类型产品的竞争对手；另一方面，还要密切关注大型科技公司产品泛化的能力。例如，在 iOS 和安卓刚开始兴起时，许多创业者会开发一些工具，如计算器、通讯录、指南针等。但随着 iOS 和安卓版本的不断迭代，这些工具类产品逐渐被整合到操作系统中，如计算器、电话本、手电筒等已成为新版本产品的“出厂标配”。因此，如何构建竞争壁垒是创业者需要关注的重点问题。

四是关注技术收敛。创业者需要判断底层技术是否已经形成共识，还是仍在探索过程中，这将决定企业在生态中的战略定位。如果创业者发现技术收敛已成定势，那么在决定“做什么”时应避免单纯做底层技术研发，而应该考虑对收敛技术的调用，即向应用侧倾斜。如果创业者对此不太确定，则可以加大对技术创新的投入，通过技术创新来获得底层优势。也就是说，关注技术收敛，是为了在企业优势和商业化速度方面进行平衡。

五是技术趋势。大模型本身也在不断进化，就像我们看到的 iOS 和安卓操作系统，它们也在不断迭代提升，一些阶段性的产品会逐渐变成大模型的功能模块。创业者既要借助大模型提升创业效率，又要避免被大模型的泛化能力所碾压。

图 5-2 梳理了在大模型浪潮中，创业者需要做好的几件事。

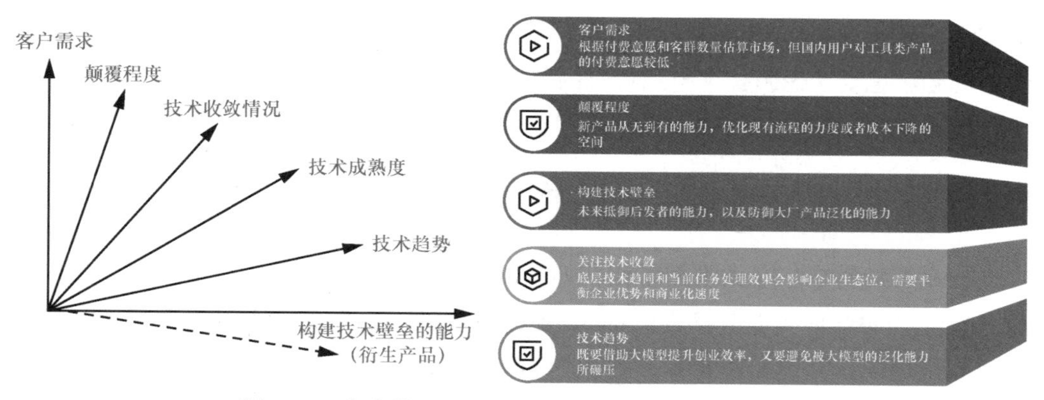

图 5-2　在大模型浪潮中，创业者需要做好的几件事

值得一提的是，向量 / 矢量数据库也是值得关注的领域。未来，大模型有海量的数据需要处理，特别是多模态数据和非结构化数据。那么，这些数据该如何处理呢？向量 / 矢量数据库就是一个非常好的赛道，许多投资人已经关注并投资了这个领域。

5.5.2　创业者要关注哪些方面

人工智能本轮的底层技术发展迅速，这既是机遇也是威胁（见图 5-3）。创业者既要确保紧跟技术变化趋势，又要避免被技术泛化所替代。

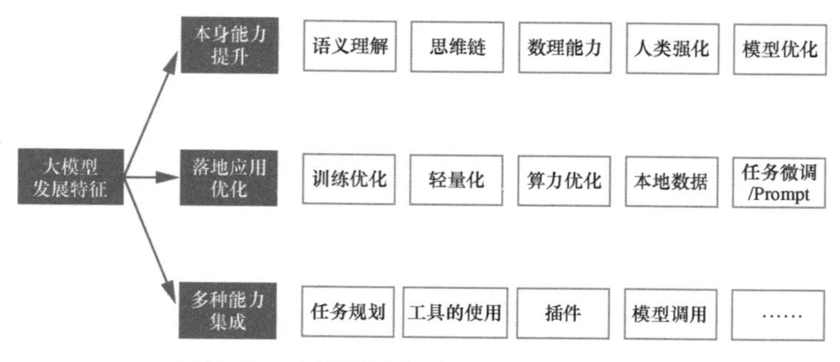

图 5-3　大模型迭代过程中的机会与挑战

首先要关注模型本身的能力。当前科技企业在不断提升大模型的能力，例如语义理解能力、长文本优化能力，以及思维链和数理能力等，致力于实现模型训练的

进一步优化等。因此，不少中间任务将会受到一定的冲击。

其次是落地应用优化。大模型的训练成本高，动辄上千亿的参数，这在落地方面有很大的挑战，对中小企业不友好。因此，在算力优化方面，创业者需要通过剪枝、蒸馏等方法进一步降低成本，用更好的微调方法和本地数据来提升实践效果。

最后是各种能力的集成。未来是通过多种模型组合来提供解决方案，因此需要把多种能力集成在大模型中，智能化的功能都需要借助大模型的逻辑能力来进行任务规划和工具的使用，从而满足用户的需求。其中还有很大的优化空间。

总的来说，我们需要关注大企业能力的突破并观察其新能力和对原下游场景的威胁，但在场景落地、效果优化和其他功能上仍有很多机遇，并会给垂直行业的产品带来更大的需求。

5.5.3　技术收敛程度对创业的影响

大模型虽然进入大众视野的时间并不长，但是底层技术的收敛程度各不相同。

在文本领域，底层技术的收敛程度已经非常高，基本上都是基于 Decoder-only 模型架构。在图像生成领域，主要是 Diffusion 方式。相对来讲，文本生成类技术和图像生成类技术的收敛趋势已经非常明确。因此，对于这两个领域的创新创业者需要更多地集中在场景和应用方面。但是，在视频、3D 和具身模态领域，底层技术还有较大的发展空间。一个很有意思的现象就是，在这三个领域中我们看到的多是论文，很少看到让人眼前一亮的应用，这也从侧面印证了这几个领域的技术框架尚未定型，没有形成统一的共识性底层技术路线。这就存在基础模型研发、底层技术创新和实现差异化的机会。

如果技术已经处于收敛阶段，底层技术已经统一，那么创业者更适合进行行业应用和优化。例如，在纺织领域，创业者可以专注于纺织行业的模型优化，甚至可以不进行模型优化，而只调用现有模型，通过 API 接口实现模型能力的应用，此时借助场景壁垒也是一种非常好的方式。这种方法可能更为高效，因为在这个阶段，进行模型创新很难有较大的突破。

如果技术处于尚未收敛的阶段，底层技术尚不统一。在这种情况下，从 0 到 1 开发基础模型也是一种可行的选择，同时存在大量基础模型和模型优化的空间。底层技术创新的差异化将带来更多机会。创业者在此时进行底层模型开发和模型优化，有机会取得更大的突破，但同时也要关注底层技术的发展速度。

5.5.4　如何构建竞争壁垒

无论采用何种创业模式，都需要构建竞争壁垒。相对而言，大模型的竞争壁垒更具独特性：一方面，需要创业者利用好大模型、利用好数据价值构建自己的“护城河”；另一方面，还需要时刻关注大模型的发展与迭代速度，避免大模型能力泛化挤占发展空间。

一是要构建“数据飞轮”。“数据飞轮”是抵御大模型泛化的有效“护城河”。最好的情况是，模型可以不断地为用户提供服务，而用户也可以不断地为模型生成新的数据。同时，“数据飞轮”意味着创业者需要具备非公开的数据集和高质量数据集的可获得性。例如，在垂直领域的知识和经验积累方面，这些高质量的数据集决定了创业者在“数据飞轮”效应中的关键优势。此外，数据集的优化、清理、合规性处理以及训练数据的配比等也是非常重要的。最后，训练任务的设计也至关重要。如何设计预训练任务以及对垂直领域的理解程度，决定了创业者在该领域的优势。因此，在构建竞争壁垒时，创业者需要关注“数据飞轮”、数据集优化和训练任务设计等方面的能力建设和积累，以便在各个领域实现更好的应用效果。Midjourney 做得很成功的一点是，在其最核心的流程中嵌入了用户反馈，从而使每位用户都必须在 AI 生成的 4 张图中选择最符合自己预期的 1 张，这就是一个巨大的“数据飞轮”。这个过程可以让模型不断学习和改进，进而可以提高其准确性和效率。也就是说，Midjourney 的成功得益于用户反馈和“数据飞轮”的有效运转。

二是打造模型构建能力。在处理复杂任务时，不同模型的选择和封装能力可以带来显著的产品效果。换句话说，面对复杂的需求，企业的优势将是如何封装不同的模型并将模型的能力有效发挥。在技术收敛模式中，创业者应通过验证不同模型的优化能力，形成竞争壁垒并在终端任务上取得成功。这意味着，创业者将以“模型架构师”的身份，将不同的模型按照需求进行组合优化，从而实现理想的效果。

三是关注底层技术。随着技术不断快速迭代，尤其是开源模型的不断成熟，基础大模型的优势将会不断衰减。暂时领先的技术很容易被底层能力所取代。如果只是制作一个工具，那么随着大型模型能力的提升，工具解决方案可能会成为大模型的一部分。创业者需要寻找大模型在长期内无法细化的领域，在细分领域进行深挖，以避免大模型本身泛化能力的覆盖，真正形成自身独有的优势。

四是应用优化。应用优化始终存在，基于不同场景的知识与经验的优化能力，将很难被单一的技术迭代打败，即使基础大模型未来会在各个任务上表现良好，但在效果提升、成本降低、产品设计上仍然存在优化空间。

图 5-4 梳理了大模型时代构建竞争壁垒的关键思路。

图 5-4　大模型时代如何构建竞争壁垒

最重要的是，创业者需要去亲自实践，做一些尝试性的探索，这样才能真的不被这个新的人工智能时代所抛弃。

5.6　AI 时代，如何保持个体优势？

技术是推动文明进步的关键要素。在古藤堡印刷机发明之前，书籍相当罕见，从而导致知识的传播很难，只有少数人掌握了知识。在互联网时代，人们可以便捷地获取海量信息，即使身处亚马孙丛林，只要有卫星电话，也能比 40 年前的人获得更多的信息。

5.6.1 提高对人工智能的认知境界

科技的发展速度非常快，但是人类的思维认知并没有跟上科技的发展速度，这就产生了矛盾。科技的发展主要是通过技术的不断突破和变革来实现的，而这些突破和变革需要时间来稳定和扩散。每次科技的突破都会带来巨大的认知红利，科技的突破是一个 1，而科技的认知则是在后面加上几个零，构成了巨大的价值数量级。科技的突破和变革虽然很快，但是科技的渗透和人们对科技的认知仍需要时间，这些认知红利可以帮助人类更好地利用科技，从而创造更多的价值。因此，我们应该不断地学习和掌握新的科技，以便更好地利用科技来提高自己的生产力和创造力。

在人工智能时代，每个人都应该提升自己对人工智能领域的认知。这种认知包括最基本的“人工智能是什么”“人工智能在我的工作中可以如何应用”“人工智能对各个行业领域有什么影响”等。每天关注一些人工智能发展的前沿内容，可以对当前技术发展有一个初步的认识。如果想要达到了解的程度，可以从量子位、新智元、机器之心等多个科技类公众号了解最新的技术进展。如果想要提升认知深度，就需要通过各种应用来体验大模型和人工智能。例如，国内已经有很多小程序和应用网站，提供 AIGC 绘画、PPT 制作等功能；还有基于大模型进行文章续写、润色的应用。通过亲身体验，我们可以直观地感受到自己工作中的哪些环节可以得到大模型的“加持”，从而实现效率的提升。

正如 OpenAI 的创始人奥尔特曼所言：“对于人工智能，我们需要接触它、熟悉它、善于使用它，以及加以思考并最终弄清楚如何在这个世界上以一种新的方式变成富有成效的人。”

5.6.2　终身学习已经迫在眉睫

依靠知识经验优势构建的壁垒都在缓慢坍塌，在人工智能的环境里，能形成优势的主要是更先进或者说更具适应性的思维模式。“学一门手艺，谋一门营生”在一些场景里不再成立，单一经验技能的不可替代性大幅降低，取而代之的是“构建一种思维模式，适配多种应用场景”。在人工智能的辅助下，隔行不再如隔山，跨领域的可能性丰富得像是文艺复兴再临。想办法解决更难的问题，才能接触更强的人工智能。即使使用相同的工具，学习相同的教程，用相同的时间，从人工智能那里得到的反馈质量仍旧会有高低之分。因为人工智能的水平和我们过往的经历、所面临的处境、自身能力的积累都有密切关联。持续思考如何解决更难问题的人，在任何阶段都能保持竞争力。

在人工智能快速发展的大背景下，没有哪个行业是绝对安全的。无论哪个行业的从业者，当前的第一要务就是终身学习。

终身学习已经不是精英们的专利，而是每个普通人安身立命的根本。前文提到提高对人工智能的认知境界，其实就是终身学习的身体力行。如果你是一名画师，是否已经在使用人工智能绘画工具来辅助工作了？如果你是一名程序员，是否已经使用 Copilot 辅助编程了？

对于大模型做得比人类好的领域，我们都需要主动将其整合到工作流程当中，先人一步构建属于自己的“工具箱”。

除了把人工智能作为工具进行使用和整合，我们会发现人与人之间打交道的部分，依旧是人工智能难以取代的，也是人类需要全力以赴做好的领域。例如，咖啡厅里让人倍生好感的服务员，就很难用人工智能来取代。就如同全球有大量机械装置能比人类跑得更快，但是在运动场上我们会为人类运动员打破哪怕是 0.01 秒的世界纪录而欢呼不已。

未来我们会看到致力于成为技术领域里人工智能的掌控者的人可以成为超级个体，抑或是致力于从事人与人交流相关行业的人也可以成为超级个体。

CHAPTER 6

第6章

成为超级个体，你需要掌握的7个新知

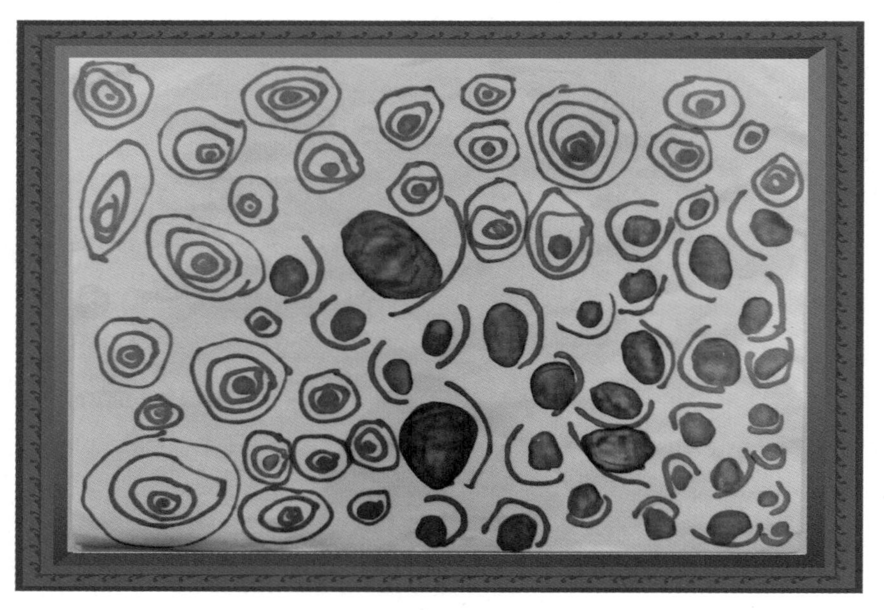

焦彦明《孔雀宝石》

AIGC《孔雀宝石》

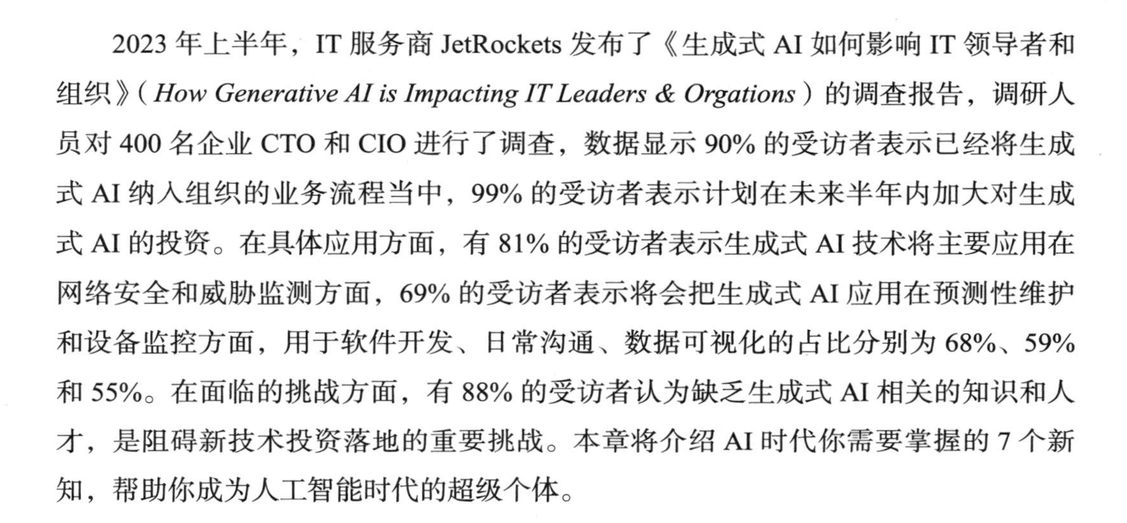

2023 年上半年，IT 服务商 JetRockets 发布了《生成式 AI 如何影响 IT 领导者和组织》(*How Generative AI is Impacting IT Leaders & Orgations*) 的调查报告，调研人员对 400 名企业 CTO 和 CIO 进行了调查，数据显示 90% 的受访者表示已经将生成式 AI 纳入组织的业务流程当中，99% 的受访者表示计划在未来半年内加大对生成式 AI 的投资。在具体应用方面，有 81% 的受访者表示生成式 AI 技术将主要应用在网络安全和威胁监测方面，69% 的受访者表示将会把生成式 AI 应用在预测性维护和设备监控方面，用于软件开发、日常沟通、数据可视化的占比分别为 68%、59% 和 55%。在面临的挑战方面，有 88% 的受访者认为缺乏生成式 AI 相关的知识和人才，是阻碍新技术投资落地的重要挑战。本章将介绍 AI 时代你需要掌握的 7 个新知，帮助你成为人工智能时代的超级个体。

6.1　学会搭“积木”，是构建新一代人工智能公司的关键

在人工智能时代，新的科技公司会像搭建积木一样使用不同类型的模型，并基于此来快速构建产品和解决方案。典型的模型包括语言模型、图像生成模型、视频生成模型、视频和图像索引模型、语音合成模型、语言理解模型、向量数据库这 7 种典型技术，这些技术将成为“积木”(见表 6-1)，来共同构建前所未有的新技术公司。

表 6-1　典型模型与案例

序号	模型名称	案例
积木 1	语言模型	Claude、Bert
积木 2	图像生成模型	DALL-E 2、Midjourney、Stable Diffusion
积木 3	视频生成模型	Runway
积木 4	视频和图像索引模型	Twelve labs
积木 5	语音合成模型	Tortoise-tts-v2
积木 6	语言理解模型	Whisper
积木 7	向量数据库	Pinecone、weaviate

未来我们会看到不同模态的能力模型形成组合来满足用户的需求。例如，对数据要求较高的用户，需要处理多模态或非结构化数据，这时就需要将向量数据库和图像生成模型进行结合。再比如，当用户对图像和音视频的需求较多时，需要将图像生成模型、视频生成模型和语音合成模型结合在一起来满足用户需求。

实际上，当前我们已经看到许多用户尝试将不同的生成式人工智能工具组合在一起使用。例如，海外一位科技博主制作了一段科幻视频。他首先使用 ChatGPT 生成了三段剧本；然后根据剧本生成了“文生图”的提示词，并将其输入 Midjourney 模型中生成核心场景图片；接着他拍摄了一段自己端详卫生纸的视频，并将这段视频与刚才用 Midjourney 生成的图像一起输入 Runway 公司的“文生视频”模型中，最终生成了一段科幻视频。

在这个过程中，博主使用了哪些模型呢？如图 6-1 所示，首先，他使用了 ChatGPT，其底层实际上是一个语言模型（Language Model）。之后通过提示词生成了一张图片，使用的是图像生成模型（Image Generation Model）。最后，将图像和内容输入 Runway 公司的视频生成模型 GEN-1 中生成了一段视频，这里用到了视频生成模型（Video Creation Model）。因此，这位科技博主的视频制作是将三个模型进行了整合和使用。

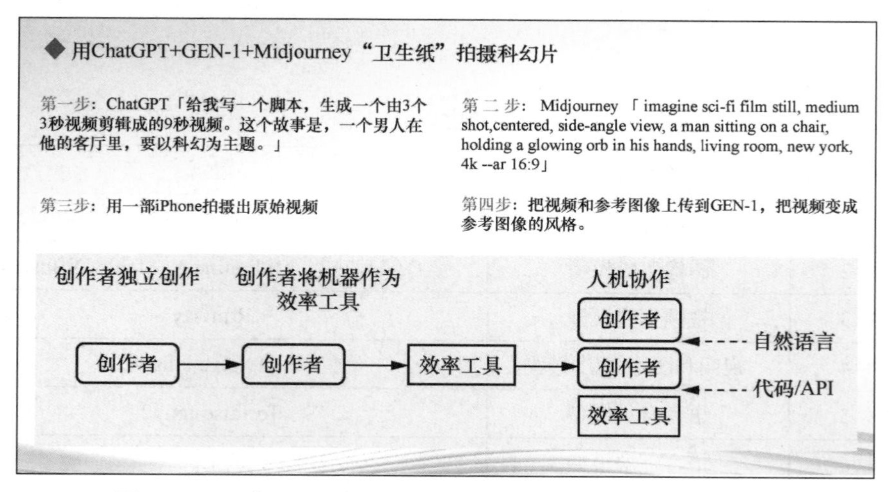

图 6-1 用“ChatGPT+GEN-1+Midjourney”拍摄科幻片

未来会有大量的科技公司将这些模型打包组合成一个产品或服务供用户使用，创作者不再需要像这位科技博主分别调用这三个模型，逐个使用、不断切换。用户将有望直接在一个产品中就能使用模型组合提供的服务，这意味着人工智能模型将像“积木”一样组合并为大家提供服务。

6.2　向量数据库带来效率提升

大语言模型的一个不足在于缺乏记忆更新，比如你每次重新打开 ChatGPT 的时候，它并不能记得上次对话的内容。不少创业团队也都希望自己的产品能够有记忆的能力，并且满足用户个性化需求，让人工智能真正成为人们工作的助理或者陪伴者。为此，向量数据库成为新的机会点。

向量数据库是一种专门用来存储、管理、查询、检索向量的数据库。随着大模型的快速发展，向量数据库也走进人们的视野，目前向量数据库主要应用在人工智能、机器学习、数据挖掘等领域，尤其是面对海量非结构化数据，比如音频、视频等非结构化数据，可以通过向量化（embedding）的方式处理多维空间里的坐标值，之后通过计算向量之间的相似度或者距离来快速定位最相关的近似值。

在人工智能的世界里，处理的所有数据都是向量的形式，如图 6-2 所示。向量是一组数值，可以表示一个点在多维空间中的位置。

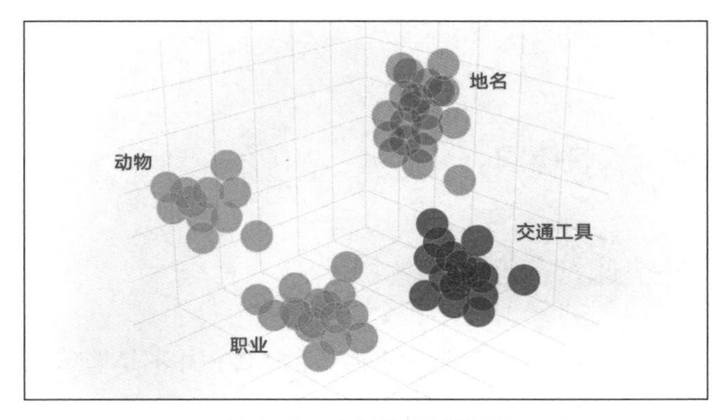

图 6-2　向量数据示意图

（来源：腾讯云发布的文章“面向大模型！腾讯云发布向量数据库”）

例如，我爱吃火锅，在大模型处理的过程中，计算机会把输入的指令转化为向量的形式：

我：[0.2,0.1,−0.5,⋯,0.2,0.1]

爱：[−0.1,0.3,0.8,⋯,−0.4,0.5]

吃：[0.2,−0.4,−0.2,⋯,−0.3,0.1]

火锅：[−0.4,0.1,−0.1,⋯,−0.2,0.3]

相对于传统数据库，向量数据库不仅能够完成基本的添加、读取、查询、更新、删除等功能，还能够对向量数据进行更快速的相似性搜索。目前，向量数据库已经广泛应用在大模型训练、推理和知识库的补充等场景，具体如下所示：

- 支撑训练阶段海量数据的分类、去重和清洗，从而提升大模型的训练效率，降低成本；
- 通过新数据的带入，帮助大模型提升处理新问题的能力，打破训练数据滞后的不足，突破因训练带来的知识限制，减少大模型一本正经地胡说八道的情况；
- 提供一种私有数据连接大模型的可靠方式，解决私有数据注入大模型带来的安全和隐私问题，加速大模型产业化落地。

目前腾讯等国内互联网企业已经推出向量数据库的服务，并且在腾讯视频、QQ浏览器等业务场景上应用。截至 2023 年 6 月底，该服务每日的调用量超过千亿次。未来，“向量数据库 + 大模型 + 数据”将产生更大的“飞轮效应”，有望助力企业快速进入 AI Native 时代。

6.3 快、小、准、人机协同

6.3.1 快——快速打造产品

MVP 这个词大家并不陌生，但是这里所说的 MVP 并不是篮球比赛评选的全场最佳球员，而是 Minimum Viable Product 的缩写，意为“最小化可行产品”。简单来说，最小化可行产品就是指开发团队通过提供最小化可行的产品获得用户反馈，并在这

个最小化可行产品上持续快速迭代。过去，我们可能需要花费几个月甚至半年的时间来打造一款产品。但在未来，这种 MVP 的开发速度将大大提升，可能只需一周甚至一两天就可以完成。这个速度要比过去快很多，甚至有人会调侃说："我不需要风险投资了。"为什么呢？因为产品开发完成后，可以直接投放到市场，迅速获得用户反馈，形成粉丝效应，为后续产品迭代提供持续动力和支持。因此，利用生成式人工智能技术，我们过去的产品开发周期可能会从原来的 3 ～ 5 个月缩短到未来的一两天。

6.3.2　小——团队更小

我们会发现未来团队可能是全球化的，而产品是本地化的，所需的人力资源会越来越少。Midjourney 作为"文生图"领域的典型独角兽企业，整个团队只有 11 个人，却创造了每年 10 亿美元的营收。这 11 个人包括 1 位 CEO、8 位研发人员、1 位法务和 1 位财务。正如之前所提到的，超级个体将越来越多，他们都将成为这一轮人工智能发展的受益者。

6.3.3　准——精准聚焦细分市场

未来，细分市场将越来越细化。过去我们认为细分市场至少需要有 10 万用户，企业才会投入资源去开发产品。这还是经典的靠规模取胜，但人工智能让深度远比广度更重要，深度才能满足个性化的需求。未来，随着开发门槛越来越低，我们会发现超级细分市场越来越明显。可能会专门有一些细分的用户群体，比如针对 8 ～ 10 岁这个年龄段孩子的某项活动或课程需求，开发特定的产品。尽管这是一个细分且小众的市场，但仍会有很多商家投入，因为技术门槛不高，只要满足用户需求，实现积极响应就可以。

6.3.4　人机协同——无代码时代

另一个显著特点是无代码（No-Code）技术的应用。我们发现，现在的技术入口已经发生了很大变化，输入的不再是代码，而是自然语言、提示词，甚至是一种自然动作。我们可以通过自然语言、手势、表情等实现物理世界和虚拟世界的对接。例如，AI Native 产品普遍通过简洁的对话框作为交互入口，用户可以在其中提出需求。例如海外有创业者开发了一个礼物筛选网站，用户通过输入一段自然语言来提出需要什么样的礼物，例如“我的室友即将毕业，要参加工作了，我想给这个男孩送个礼物”。该网站系统会立即为用户生成一个推荐列表，无须再输入关键词。

随着迭代速度越来越快，团队规模越来越小，针对用户的细分市场越来越精准，团队之间的合作也将越来越紧密，一个人有可能成为一个团队，与机器之间形成互相配合的过程将更加普遍。

6.4 不看期刊，看 arXiv

过去，发表一篇论文可能需要很长时间，从撰写、投稿、同行评审到排期排版，整个过程可能耗时一年半载。即使是投稿到国际会议，也至少需要两三个月的时间。然而，随着大模型时代来临，现在我们发现每天都有新技术需要学习，科研人员也不再完全依赖传统的发表论文途径，而是通过 arXiv 来发表最新的研究成果。大量创业者和投资人的日常工作之一就是关注最新的论文，过去论文的更新可能是按年计算，而现在新技术的更新则是按天计算。

arXiv 作为一个开放访问的平台，任何人都可以免费阅读上面的论文。在 arXiv 上发表论文，不需要经过同行评议。arXiv 平台上的审稿人也不再局限于科学家或专业人员，可能还包括科技媒体。在大模型或生成式人工智能相关的新闻稿或公众号文章中，科技媒体会在撰写的文章下方附上新技术论文网址。仔细观察你会发现，这些论文的来源多半为 arXiv 平台。有专家可能会担心论文的质量问题，但实际上大模型和人工智能领域的受关注度非常高，论文很快会得到评价：如果一篇文章质量高，那么关注度就会高，它会得到更多的好评；反之，关注度低的文章，其排名下降很快，直至淡出视野。

6.5　后移动互联网时代的新“入口”

如果我们对互联网、移动互联网以及当前人工智能的特点进行回顾，就会发现：每一次新技术爆发或新风口出现的时候，主要是在“入口”侧发生了革命性的变化。在互联网时代，用户主要使用台式计算机，这一时期的交互入口主要是显示器、鼠标和键盘。移动互联网时代典型的特征就是我们使用的硬件从台式计算机变成智能手机。智能手机是小屏幕（屏幕尺寸主要在 6 ～ 10 英寸之间），多点触控，没有实体键盘。人工智能时代的典型特征是自然交互。自然交互不仅是用自然语言，还会有表情和动作。例如，有些支付机构已经推出了手掌支付，举起手掌就能完成一次交易，不需要刷脸或者输入密码。

因此，在大模型时代，“入口”侧将发生以下几个方面的变革。

服务形式方面：在交互特点上，我们会从过去的大屏、鼠标、键盘，转变成当前的小屏、多点触控、无键盘，再到未来的自然交互，尤其是以自然语言为主的交互方式，预示着新“入口”已经出现。这一“入口”会带来一种更加“人格化”的服务，有望取代传统的下载软件或 App。那么，“人格化”的服务是什么意思呢？举例来看，小张要在周末买菜做饭，那么小张可能会在美团或者叮咚 App 上购买；如果要买书，小张可能会在当当 App 上购买。即使使用小程序，上述这些事情也需要在不同的小程序之间进行切换。未来随着大模型更加成熟，小张可以直接在大模型应用界面的入口处输入需求：“帮我安排一下今天的计划，不仅要买菜，还要买几本畅销的理财书。”那么，人工智能助手就会根据小张的需求自动调用对应的插件、App 甚至是其他模型，整个服务过程不需要用户在不同的 App 或者应用之间切换，只要说出自己的需求即可。人工智能助手会帮用户分解任务、完成任务，从而更加人性化地为我们提供服务。

信息感知层面：互联网时代，我们生活在一个线上或线下界线明显的世界。然而，移动互联网时代出现了基于位置的服务（Location Based Service，LBS），比较典型的应用就是打车。过去我们需要招手拦出租车，而现在我们只需发送需求，车辆便会直接来到我们所在的位置。这是因为 LBS 服务将数字世界与物理世界连接在一起。人工智能时代将是虚拟与现实进一步融合在一起的时代。例如，我们现在与人工智能进行交流时，会调用各种程序，这些程序又会调用现实世界或物理世界的一些人或者事物来帮助我们完成任务。因此，感知层面将是一个虚实结合的感知状态。

人工智能需求方面：在互联网时代，用户很少能够感受到人工智能产品的存在。而到了移动互联网时代，人工智能产品虽然很多，但这些人工智能产品主要具备单点式的能力。比如，在信息分发领域，人工智能可以针对用户的喜好进行个性化推送，其中就有 AI 算法在起作用。再比如，用户使用刷脸支付或者刷脸安检等功能。然而，这些能力都是单点的，不同的 AI 能力之间并没有完全打通。在未来，或者说大模型时代，我们会发现全链条 AI 能力将会出现，它将现有的人工智能能力进行融合并构建成一个网状结构，最终实现能力的融合和爆发，完成我们发布的任务。

在现实应用场景中，人工智能甚至能帮用户调用其他的一些人工智能工具和方法来完成工作。这些工作的基础正是大模型具备强大的语言理解能力和思维链的能力，这些能力可以将用户的意图或命令进行拆解。比如我们今天中午准备做一顿饭，将这个命令告诉人工智能之后，它可以先查看冰箱里有什么食材，然后告诉用户这些食材可以做成哪些菜，以及每一步该如何操作。与此同时，相关的技术也将重塑我们的工作方式和生活方式。

因此，未来的“交互入口”将发生巨大的变化。过去用户主要通过打字进行交互，而未来用户直接用自然语言与人工智能交流。过去用户需要在不同的软件之间进行切换，未来是人工智能帮我们调用不同的软件，并将任务和命令进行分解，之后再执行。在这个过程中，我们不需要完全了解其中的细节，只要反馈最终的结果是否满意即可。

6.6　人工智能原生（AI Native）软件

在当下的移动互联网时代，用户通常是如何使用智能手机和互联网的呢？

在移动互联网时代，用户使用产品的过程是一个典型的“用户需要不断适应各种产品”的过程，或者是“适应不同小程序的结构以及其他 App 界面设置”的过程。因此，用户需要在不同的产品之间切换以满足实际需求。在这个过程中，产品迭代的重点更多地聚焦在产品功能，而不是让产品适应用户。因此用户是在被动地适应产品，这就是现阶段我们使用移动互联网的真实情况。

随着大模型的不断普及，人工智能原生应用将会不断涌现，情况会发生巨大改变。首先，大模型具有较强的理解能力，但大模型的置信度并不高，这意味着有时候它会给出看似正确但实际上是错误的答案。为了提高其准确性或者使其可以回答专业问题，大模型会调用不同的专业工具。我们将不再去迭代产品，而是对模型进行迭代来更加准确、深入地理解用户的指令或者需求。同时，用户的需求不需要某种类别的产品或者解决方案来满足，而是根据具体的需求一次性生成不同的产品或者解决方案，这些产品或者解决方案只需要满足单个用户的需求即可。研发门槛的进一步降低也会催生大量“single use”类型的应用。我们处理的数据不再局限于结构化数据，而是涉及各种类型的数据，如文本、图片、视频等。处理非结构化数据的需求将越来越多，最终形成一种新的形态，即 AI Native 软件，又称人工智能原生应用。表 6-2 列举了现有软件和 AI Native 软件的区别。

表 6-2　现有软件和 AI Native 软件的区别

序号	现有软件	AI Native 软件
1	有限的输入，用户在不断适应产品	无限输入，让产品适应用户
2	站外搜索，在产品间进行切换	贴身的助手，例如辅助驾驶
3	处理的数据以结构化数据为主	可以处理结构化数据， 也可以处理非结构化数据
4	服务撮合、促进交易	直接提供服务
5	人与人对话	人机之间、机器与机器之间进行沟通协作
6	聚焦于产品功能的迭代	聚焦于模型的迭代

6.7　成为真正热爱生活的人

真正认真生活的人有望在与人工智能的“竞争”中胜出。目前，人们普遍的共识是，人工智能将替代人完成许多重复性工作，但人的价值反而会变得更加重要。未来，人工智能可能会替代我们 90% 的工作，甚至 99%。那么剩下的 1% 是什么呢？这 1% 包括人们的批判能力和创新能力，它的重要性可能是过去的 1000 倍。

尽管人工智能发展迅速，但是仍无法感知情绪，甚至精准分辨话语中的含义，更无法体会到我们的渴望，毕竟人与人之间更容易产生共情。人工智能技术发展的最终意义在于让我们拥有更多自由和时间去认真生活。因此，尽管人工智能大模型可能会替代很多人的工作，但真正热爱生活的人，在这个趋势下可能会变得更有价值。

最近有一位爆火的美国网红制作并出租自己的人工智能形象，获得大家的关注。实际上，情感需求是大众普适的且高频的需求，在现实生活中往往难以充分得到满足。ChatGPT 或者 AIGC 技术正在逐步解决这一痛点，ChatGPT 展现出来的真人般的对话体验，数字人展现出的逼真的动作效果，用户在与它们交互的过程中还能感受到情感的变化甚至是依赖。这就解释了为何这位美国网红可以在一夜之间获得几千名“男朋友”。因此，市场上不缺少高智商的人工智能产品，缺少的是高情商、可以让用户产生情感共鸣的人工智能产品。同样的，很多人认为人工智能会替代平面模特，但实际上，如果一个模特具有独特的故事、特征和个性，人们可能不会过多地关注他们的外形，反而会对这个认真生活的人产生更多兴趣，其价值反而会更大。这种价值可能超出了仅仅作为一个平面模特的关注度，因为在未来，有 99% 的工作都是由机器来完成的。剩下的 1% 便是人的独特特征，其价值将变加凸显。

因此，未来你的情感、感受和内心世界将更为关键，因为仍有许多领域是人工智能无法替代的，例如与用户建立情感联系、提供社区服务、定制课程等。这些是人工智能难以完全实现的，而我们更应该关注这些方面，而不是与人工智能开展智力竞争。

我们的共情能力和认真生活的态度，以及感知社会和自然的能力变得更为重要。如果还能借助非同质化代币（Non-Fungible Token，NFT）、知识共享许可协议（Creative Common 0，CC0）、智能合约和通证经济（Tokenomics）等新兴理念，将会衍生出更多价值和服务。因此，你不必担心赚不到钱，反而会有更多的机会获得财富。

6.8　小知识

表 6-3 展示了有关大模型和 GTP 的常用词语，其中文名称、英文全拼和英文缩写如下所示。

表 6-3　人工智能领域常用词语汇总表

序号	中文名称	英文全称	英文缩写
1	自然语言处理	Natural Language Processing	NLP
2	人工智能	Artificial Intelligence	AI
3	机器学习	Machine Learning	ML
4	深度学习	Deep Learning	DL
5	生成式预训练转换器	Generative Pre-trained Transformer	GPT
6	大语言模型	Large Language Model	LLM
7	自然语言理解	Natural Language Understanding	NLU
8	自然语言生成	Natural Language Generation	NLG
9	自动语音识别	Automatic Speech Recognition	ASR
10	图形处理单元	Graphics Processing Unit	GPU
11	应用程序编程接口	Application Programming Interface	API
12	集成开发环境	Integrated Development Environment	IDE
13	提示工程	Prompt Engineering	PE
14	预训练	Pre-Training	PT
15	微调	Fine-Tuning	FT

CHAPTER 7

第7章

如何向 ChatGPT 提出好问题

画中有AI

茜茜《粉色汽车》

AIGC《粉色汽车》

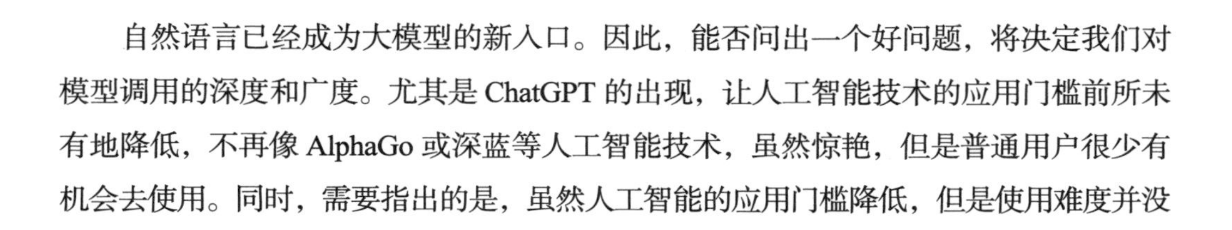

自然语言已经成为大模型的新入口。因此，能否问出一个好问题，将决定我们对模型调用的深度和广度。尤其是 ChatGPT 的出现，让人工智能技术的应用门槛前所未有地降低，不再像 AlphaGo 或深蓝等人工智能技术，虽然惊艳，但是普通用户很少有机会去使用。同时，需要指出的是，虽然人工智能的应用门槛降低，但是使用难度并没有降低。问题的质量体现出用户的思考深度，影响我们是否能够得到一个有效的答案。

7.1　问出好问题强过找到正确答案

过去对新技术的学习和应用总需要一个过程，但是生成式人工智能的应用门槛较低，甚至只要用户会聊天就可以使用这项技术。吴恩达作为全球知名的人工智能和机器学习领域的权威学者，曾经阐述了提示词对生成式人工智能产品设计、软件开发流程的影响，他表示基于提示词的开发将缩短机器学习的开发周期。过去需要花几个月开发的项目，现在可能只需要几天。换句话说，在未来的产品开发流程中，重点将聚焦于验证，而非设计。同样的，在未来的软件开发流程中，重点将聚焦于调试，而非开发。

但是，不同的人使用人工智能的水平还是有差别的，面对同样的人工智能平台，使用不同的提示词进行提问，获得的结果也会有很大的差异。因此，如何巧妙地提出问题，引导 AI 输出有价值的答案，就成为人工智能时代的关键能力，这种能力也可以称为“人的机器智商”，而人的机器智商的高低有望成为重要的评价标准。

在和生成式人工智能互动的时候，就如同和一个知识渊博、博览群书的智者在交谈，因此心态越开放，学习能力越强，了解程度越深，互动效果越好，就更能够产出有实用价值的结果。有些人在与人工智能交流的过程中，就像一名优秀的司令员，能够准确地传达出自己的作战意图，引导人工智能打出一场漂亮仗，创造超出预期的结果。

这给我们一个重要启示，当前的教育多以寻求答案为主，小朋友学习的主要目标是找到标准答案。未来，在我们的生活中，提问的艺术将比找到答案更重要。面向未来的教育，更要侧重于让小朋友学会提问，巧妙地表达问题，并且理解人工智能的运作方式，学会与人工智能配合，引导人工智能给出最优答案来解决问题，这样才能适应人工智能技术带来的新变革。

7.2 提出好问题的三个原则

能够提出一个好问题是人工智能时代的必备技能。那么如何提出一个好问题呢？或者说如何成为一名优秀的提示词工程师呢？

例如，我们问 ChatGPT：“我想减肥，该怎么办？”。那么 ChatGPT 可能会给出一些泛泛的回答。但如果我们问 ChatGPT：“我想在一个月内减脂 10%，请给我一个详细的锻炼、生活和饮食计划，每天晚上我只有 30 分钟的锻炼时间”。当我们把具体的需求和详细的情况以及相关背景信息给到 ChatGPT 之后，就会发现 ChatGPT 给出的答复也更加精准。为此，关于如何问出好问题，有三个原则值得我们关注。

一是问题要目标明确。用户需要清晰地表达问题的使用场景、目标和要求，让大模型明确知道需要输出什么样的内容。因此，我们提出的问题不能太宽泛。例如，我们希望 ChatGPT 能够对减肥给出建议，那么最好说明何时减肥、减多少、个体的基本情况（包括身高、体重和体脂率）等信息。如果不告诉大模型这些有针对性的信息，那么回答的内容也将是空泛而没有可执行性的，甚至是正确的废话。我们要提出自己的基础设定和思路，让 AI 快速罗列细节内容。比如你提供了一个故事的核心概念，可以让 AI 从不同人物视角罗列情节要点。

二是问题要易于理解。提问的句式尽量避免使用多重否定或含有复杂因果关系的句子。这些复杂的句式对 ChatGPT 来说并不利于理解，反而可能导致其误解。你可以把 ChatGPT 当作一个小学生，让问题简洁明快可以更好地唤醒人工智能内部海量且优质的内容库，同时获得不错的效果。

三是问题要避免有歧义。我们经常会使用一些一语双关的词，但大模型对中文的理解目前还不够强，有时只理解字面意思，深层次的含义没法理解。因此，我们的提问用词要避免有歧义，尽量平铺直叙。同时我们也要拥抱不确定性，需要换一种角度来看待人工智能所谓的“错误”，毕竟天马行空的人工智能可能在不经意间触发新的灵感。

7.3　八个你值得关注的提问技巧

了解了前面提到的三个提问的基本原则，下面介绍在实际应用过程中，值得大家关注的八个提问技巧，帮助大家理解如何向 ChatGPT 提问。在介绍基本概念的同时，也列举一些典型案例，展现与 ChatGPT 交流的实际效果。

7.3.1　明确提问目的，设定具体需求和期望

在提问时，要确保问题的目的清晰明确，以便 ChatGPT 能够更准确地回答。同时，设定具体需求和期望可以帮助我们获得更符合实际需求的答案。这样，我们就可以更好地利用 ChatGPT 的能力，提高解决问题的效率。

我们以学编程为例，来看看错误和正确的提问方式有什么差别。假如我们向 ChatGPT 发出：“我想学编程，给我一些建议吧”。ChatGPT 给出的答复如图 7-1 所示。

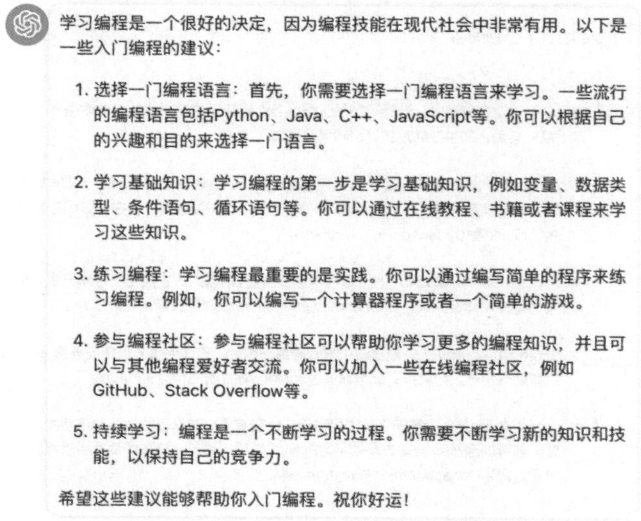

学习编程是一个很好的决定，因为编程技能在现代社会中非常有用。以下是一些入门编程的建议：

1. 选择一门编程语言：首先，你需要选择一门编程语言来学习。一些流行的编程语言包括Python、Java、C++、JavaScript等。你可以根据自己的兴趣和目的来选择一门语言。
2. 学习基础知识：学习编程的第一步是学习基础知识，例如变量、数据类型、条件语句、循环语句等。你可以通过在线教程、书籍或者课程来学习这些知识。
3. 练习编程：学习编程最重要的是实践。你可以通过编写简单的程序来练习编程。例如，你可以编写一个计算器程序或者一个简单的游戏。
4. 参与编程社区：参与编程社区可以帮助你学习更多的编程知识，并且可以与其他编程爱好者交流。你可以加入一些在线编程社区，例如GitHub、Stack Overflow等。
5. 持续学习：编程是一个不断学习的过程。你需要不断学习新的知识和技能，以保持自己的竞争力。

希望这些建议能够帮助你入门编程。祝你好运！

图 7-1　关于提示词“我想学编程，给我一些建议吧”的回答

很明显，提问没有太多针对性，ChatGPT 给出的答案也比较宽泛。无论是学习编程语言、基础知识、参加社区等都是正确但是没有针对性的建议，而且看完这个建议之后你可能还是不知道如何实操。面对众多编程语言，你可能还会疑惑应该选择哪一个。在实践方面，也不知道去哪里进行实践。所谓宽泛的答案，往往是正确的废话。

基于第一个技巧“明确提问目的，设定具体需求和期望”，我们来把关于学习编程的这个问题完善一下。比如“我想学编程，请推荐一些适合初学者的编程语言和学习资源，包括在线课程、实践项目和社区论坛，以便我能更好地学习和实践。”

在新的提问中，我们告诉 ChatGPT 学习编程的人的身份、需求和目的，人工智能才能为我们提供更准确的答案。现在，让我们看看结果，如图 7-2 所示。

首先，ChatGPT 会推荐几种编程语言，如 Python、JavaScript 和 Scratch 等。之后 ChatGPT 会告诉我们这些语言的难易程度和适用范围，例如，JavaScript 适用于 Web 开发，你可以通过一些专业的软件开发网站进行学习；Scratch 是一个面向初学者的图形化编程工具，适合儿童入门编程语言。有了这些信息后，我们更容易判断。例如，你可能会发现 Python 是一门非常好的语言，易于学习而且在工作中很实用。此外，ChatGPT 还告诉我们可以通过哪些网站进行学习，并尝试编写一些简单的计算器程序或网页进行实践。

当你刚开始学习编程时，选择一门易于学习且广泛使用的编程语言是非常重要的。以下是一些适合初学者的编程语言和学习资源：

1. Python：Python是一门易于学习的编程语言，它有着简单易懂的语法和丰富的库。你可以通过Python官方网站学习Python，也可以通过一些在线课程和教程来学习，例如Codecademy、Coursera等。

2. JavaScript：JavaScript是一门广泛使用的编程语言，它主要用于Web开发。你可以通过W3Schools、Codecademy等在线课程来学习JavaScript。

3. Scratch：Scratch是一款面向初学者的编程语言，它使用图形化编程界面，可以帮助你快速入门编程。你可以通过Scratch官方网站学习Scratch。

4. Ruby：Ruby是一门易于学习的编程语言，它有着简单易懂的语法和丰富的库。你可以通过Ruby官方网站学习Ruby，也可以通过一些在线课程和教程来学习，例如Codecademy、RubyMonk等。

图 7-2　关于提示词“我想学编程，请推荐一些适合初学者的……”的回答

在学习编程时，实践是非常重要的。以下是一些适合初学者的实践项目：

1. 编写一个简单的计算器程序。
2. 编写一个猜数字游戏。
3. 编写一个简单的网页。

在学习编程时，参与社区论坛可以帮助你学习更多的编程知识，并且可以与其他编程爱好者交流。以下是一些适合初学者的社区论坛：

1. Stack Overflow：这是一个广泛使用的编程社区，你可以在这里提问和回答编程问题。
2. Reddit编程社区：Reddit上有许多编程社区，例如r/learnprogramming、r/programming等。

希望这些资源能够帮助你入门编程。祝你好运！

图 7-2　关于提示词“我想学编程，请推荐一些适合初学者的……”的回答（续）

7.3.2　避免使用否定和双重否定，确保问题清晰易懂

使用清晰、易懂的语言提问，有助于避免误导和混淆。因此，我们提问的时候要避免使用否定和双重否定，以便让问题更易于理解，从而提高回答的准确性。此外，确保问题表述清晰，也有助于提高交流效率。

ChatGPT 虽然已经具有较好的自然语言理解能力，但是还没有达到驾驭语言的水平。因此，第二个技巧的核心就是需要我们对问题进行简化、避免出现复杂的句式，就像与一个小学生交流一样，越简单、越清晰地提问，越有助于避免误导或混淆。例如，双重否定等表达方式不利于理解，可能会影响的准确性答案。

下面，我来举两个与编程相关的例子。错误的例子是：“哪些编程语言不是不适合初学者的？”实际上，这个问题包含双重否定，其实想问的是哪些编程语言适合初学者。

但是，ChatGPT 显然理解错误，在双重否定中迷失了。如图 7-3 所示，ChatGPT 给我们的回答是关于不太适合初学者的编程语言，例如 C++ 和 Objective-C 等，这完全是南辕北辙的答案。

因此，我们应该提出一个更简单、清晰的问题，例如，“哪些编程语言适合初

学者入门，并且在未来几年内有广泛的应用前景和良好的职业发展？”

哪些编程语言不是不适合初学者的?

虽然大多数编程语言都可以用于初学者学习，但有些编程语言可能对初学者来说比较困难。以下是一些不太适合初学者学习的编程语言：

1. C++：C++是一门强类型的编程语言，它有着复杂的语法和概念，对于初学者来说可能比较困难。
2. Assembly：Assembly是一种低级别的编程语言，它需要对计算机硬件有深入的了解，对于初学者来说可能比较困难。
3. Objective-C：Objective-C是一门用于iOS和Mac开发的编程语言，它有着复杂的语法和概念，对于初学者来说可能比较困难。
4. Haskell：Haskell是一门函数式编程语言，它有着独特的语法和概念，对于初学者来说可能比较困难。

当然，这并不意味着初学者不能学习这些编程语言。如果你对这些编程语言感兴趣，你可以尝试学习它们。但是，你需要更多的时间和精力来理解它们的语法和概念。

图 7-3　关于提示词“哪些编程语言不是不适合初学者的？”的回答

在问完这个问题之后，我们会发现 ChatGPT 给出的答案很清晰，如图 7-4 所示。答案中提到 Python、JavaScript、Java、Swift 等编程语言，每种编程语言都会有适用于哪些领域，以及在哪些方面有良好的发展前景的介绍。

哪些编程语言适合初学者入门，并且在未来几年内有广泛的应用前景和良好的职业发展?

以下是一些适合初学者入门的编程语言，并且在未来几年内有广泛的应用前景和良好的职业发展：

1. Python：Python是一门易于学习的编程语言，它有着简单易懂的语法和丰富的库。Python在数据科学、人工智能、Web开发等领域有着广泛的应用前景，并且有着良好的职业发展。
2. JavaScript：JavaScript是一门广泛使用的编程语言，它主要用于Web开发。随着Web应用的不断发展，JavaScript的应用前景也越来越广泛。同时，JavaScript也可以用于开发桌面应用和移动应用。

图 7-4　关于提示词“哪些编程语言适合初学者入门，并且在未来几年内有广泛的应用前景和良好的职业发展？”的回答

3. Java：Java是一门广泛使用的编程语言，它主要用于企业级应用开发。Java在金融、医疗、电子商务等领域有着广泛的应用前景，并且有着良好的职业发展。

4. Swift：Swift是一门用于iOS和Mac开发的编程语言，它有着简单易懂的语法和丰富的库。随着移动应用的不断发展，Swift的应用前景也越来越广泛。

总之，选择一门适合自己的编程语言非常重要。你需要根据自己的兴趣和目的来选择一门编程语言，并且不断学习和实践，以保持自己的竞争力。

图 7-4　关于提示词“哪些编程语言适合初学者入门，并且在未来几年内有广泛的应用前景和良好的职业发展？”的回答（续）

因此，这一技巧的关键在于避免使用复杂的语句和双重否定的表达。因为这种表达方式容易让 AI 困惑，甚至完全误解问题。

7.3.3　分解复杂问题，逐个解决并关注细节

将复杂问题分解成几个简单问题，有助于更好地理解问题的各个方面。逐个解决问题，并关注细节，可以让我们更全面地了解问题，从而提高解决问题的能力。此外，分解问题还有助于提高 ChatGPT 的回答质量，让它可以更专注地回答每个具体问题。

下面，我们还是从案例的角度来看看分解问题的提问技巧有哪些实际意义。

例如，我们向 ChatGPT 提问：“如何烹饪意大利面并搭配蔬菜？”这个问题看起来并不复杂，我们需要 ChatGPT 告诉我们：意大利面和蔬菜搭配该怎么做。

针对这个问题，ChatGPT 给出的答案基本合格（见图 7-5），包括需要准备什么原材料以及具体的操作步骤。例如我们需要先煮面，然后准备蔬菜和橄榄油等原材料。这个问题的回复看似全面，但实际上并不精细，似乎还缺少一些细节和特色。

下面，我们把这个问题拆解成三个问题，再让 ChatGPT 回答，并对比效果。第一个问题是如何烹饪意大利面，包括面条的煮法和酱料的制作；第二个问题是哪些蔬菜适合搭配意大利面，以及如何将它们烹饪得美味；第三个问题是如何将意大利

面和蔬菜搭配得既美观又美味。

如何烹饪意大利面并搭配蔬菜?

烹饪意大利面并搭配蔬菜是一道简单又美味的菜肴。以下是一些步骤和建议:

材料:

- 意大利面
- 蔬菜(例如西兰花、胡萝卜、洋葱、蒜等)
- 橄榄油
- 盐和黑胡椒
- 干香料(例如迷迭香、百里香等)
- 帕玛森芝士(可选)

步骤:

1. 将意大利面放入沸水中煮熟,根据包装上的指示时间煮熟,通常需要8-10分钟。煮熟后将面条捞出,放入碗中备用。
2. 将蔬菜切成小块,洋葱和蒜切碎备用。
3. 在平底锅中加入橄榄油,加热后加入洋葱和蒜,煸炒至香味散发。
4. 加入蔬菜,继续翻炒,直到蔬菜变软。
5. 加入盐、黑胡椒和干香料,翻炒均匀。
6. 将煮熟的意大利面加入锅中,和蔬菜一起翻炒均匀。
7. 可以根据个人口味加入帕玛森芝士。
8. 将意大利面和蔬菜装盘,即可享用。

希望这些步骤和建议能够帮助你烹饪出美味的意大利面并搭配蔬菜。

图 7-5　关于提示词“如何烹饪意大利面并搭配蔬菜? ”的回答

我们先来看一下效果如图 7-6 所示。

我们可以看到在图 7-6 中 ChatGPT 给出的答复更加细致和具有可操作性。针对第一个问题,煮面的过程可以分为三步:将水煮沸,放适量的盐,下入意大利面并煮沸,继续煮 8 ~ 10 分钟,然后捞出备用。接着,我们需要制作酱料,ChatGPT 也给出了详细的操作步骤,包括可以选择番茄酱、白酱等不同种类的酱料，并调整其浓稠度。针对第二个问题，ChatGPT 给出了搭配西兰花、菠菜等蔬菜的建议，并给出了如何搭配的操作方法。针对第三个问题，为了让意大利面既美观又美味，ChatGPT 给出的建议是，我们可以将面条和蔬菜混合，加入适量的调料，搅拌均匀，然后在表面涂抹一层酱汁等。

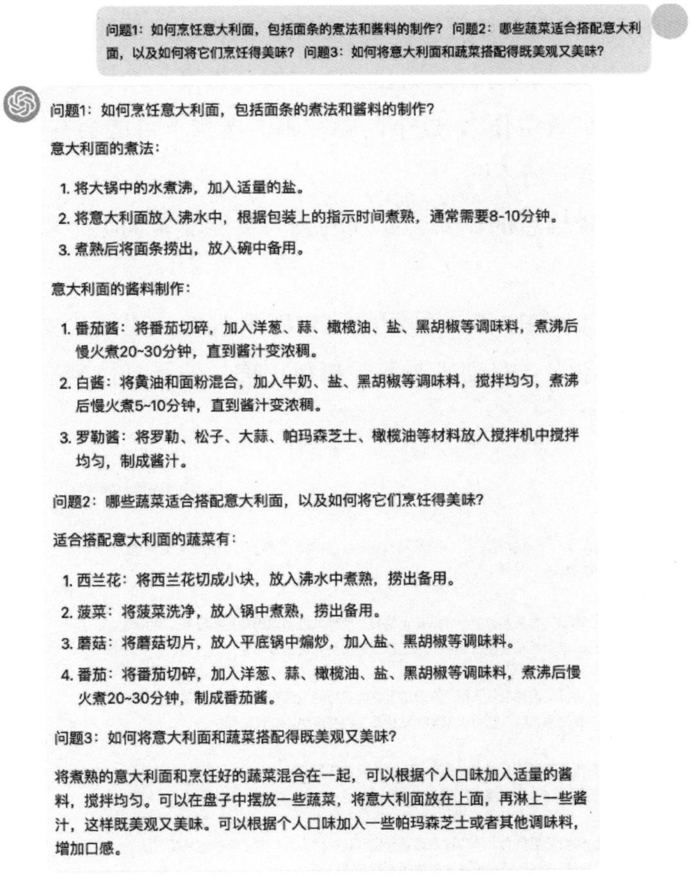

问题1：如何烹饪意大利面，包括面条的煮法和酱料的制作？ 问题2：哪些蔬菜适合搭配意大利面，以及如何将它们烹饪得美味？ 问题3：如何将意大利面和蔬菜搭配得既美观又美味？

问题1：如何烹饪意大利面，包括面条的煮法和酱料的制作？

意大利面的煮法：

1. 将大锅中的水煮沸，加入适量的盐。
2. 将意大利面放入沸水中，根据包装上的指示时间煮熟，通常需要8-10分钟。
3. 煮熟后将面条捞出，放入碗中备用。

意大利面的酱料制作：

1. 番茄酱：将番茄切碎，加入洋葱、蒜、橄榄油、盐、黑胡椒等调味料，煮沸后慢火煮20~30分钟，直到酱汁变浓稠。
2. 白酱：将黄油和面粉混合，加入牛奶、盐、黑胡椒等调味料，搅拌均匀，煮沸后慢火煮5~10分钟，直到酱汁变浓稠。
3. 罗勒酱：将罗勒、松子、大蒜、帕玛森芝士、橄榄油等材料放入搅拌机中搅拌均匀，制成酱汁。

问题2：哪些蔬菜适合搭配意大利面，以及如何将它们烹饪得美味？

适合搭配意大利面的蔬菜有：

1. 西兰花：将西兰花切成小块，放入沸水中煮熟，捞出备用。
2. 菠菜：将菠菜洗净，放入锅中煮熟，捞出备用。
3. 蘑菇：将蘑菇切片，放入平底锅中煸炒，加入盐、黑胡椒等调味料。
4. 番茄：将番茄切碎，加入洋葱、蒜、橄榄油、盐、黑胡椒等调味料，煮沸后慢火煮20~30分钟，制成番茄酱。

问题3：如何将意大利面和蔬菜搭配得既美观又美味？

将煮熟的意大利面和烹饪好的蔬菜混合在一起，可以根据个人口味加入适量的酱料，搅拌均匀。可以在盘子中摆放一些蔬菜，将意大利面放在上面，再淋上一些酱汁，这样既美观又美味。可以根据个人口味加入一些帕玛森芝士或者其他调味料，增加口感。

图 7-6　拆解成三个问题后，ChatGPT 给出的回答

因此，通过将问题拆分成更具体的问题，我们可以得到更精细、有特点且目标明确的答案。因此，在提问时将问题进行拆解有助于解决问题，从而获得更详细的解答。

7.3.4 提供背景信息和相关需求

为问题提供背景信息，有助于 ChatGPT 更好地理解提问者的真实需求，可以让 ChatGPT 给出的答案更符合实际情况。这样，我们可以获得更有针对性的答案，从而提高解决问题的效率。

我们从案例的角度来看看如何使用这个技巧，这次的案例我们以团队协作为主题。

例如，在管理团队时，我们可能会思考“如何提高一个由 6 ～ 7 人组成的小团队的协作效率或实现高效协作”。这个问题在不同场景下可能会有完全不同的答案，适用的技巧和方法也会有所不同。

如果没有任何背景信息的输入，我们的提问可能非常简单，就是“如何提高团队协作效率？”。

如图 7-7 所示，ChatGPT 给出的回复比较四平八稳，比如建立目标和角色、沟通与尊重、创新与想象力、奖励机制等，都很正确。但是具体到自己的实际情况是否适用，就不得而知了。

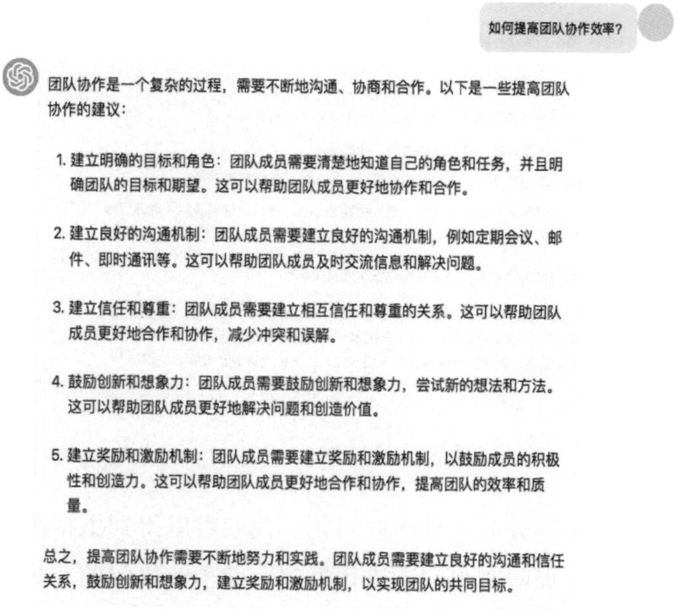

如何提高团队协作效率？

团队协作是一个复杂的过程，需要不断地沟通、协商和合作。以下是一些提高团队协作的建议：

1. 建立明确的目标和角色：团队成员需要清楚地知道自己的角色和任务，并且明确团队的目标和期望。这可以帮助团队成员更好地协作和合作。
2. 建立良好的沟通机制：团队成员需要建立良好的沟通机制，例如定期会议、邮件、即时通讯等。这可以帮助团队成员及时交流信息和解决问题。
3. 建立信任和尊重：团队成员需要建立相互信任和尊重的关系。这可以帮助团队成员更好地合作和协作，减少冲突和误解。
4. 鼓励创新和想象力：团队成员需要鼓励创新和想象力，尝试新的想法和方法。这可以帮助团队成员更好地解决问题和创造价值。
5. 建立奖励和激励机制：团队成员需要建立奖励和激励机制，以鼓励成员的积极性和创造力。这可以帮助团队成员更好地合作和协作，提高团队的效率和质量。

总之，提高团队协作需要不断地努力和实践。团队成员需要建立良好的沟通和信任关系，鼓励创新和想象力，建立奖励和激励机制，以实现团队的共同目标。

图 7-7 关于提示词“如何提高团队协作效率？”的回答

因此我们要完善提问内容，需要告诉 ChatGPT 具体的情况。例如：“在一个为期三个月的软件开发项目中，如何提高团队协作效率，以确保项目按时完成？请考虑团队成员的沟通、任务分配和进度跟踪等方面。”

在这个问题中，我们拆解出了时间周期、项目背景等信息，从而更容易找到提高团队协作效率的答案。我们来看一下效果如图 7-8 所示。

我们可以看到答复内容非常详细，这些方法至少可以在特定团队中进行一定的尝试和实践，或者说在我们当前的软件开发项目中是可行的。

在一个为期三个月的软件开发项目中，如何提高团队协作效率，以确保项目按时完成？请考虑团队成员的沟通、任务分配和进度跟踪等方面。

在一个为期三个月的软件开发项目中，提高团队协作效率可以采取以下措施：

1. 建立明确的沟通机制：团队成员需要建立明确的沟通机制，例如日会、周会、月会等，以及即时通讯和邮件等。这可以帮助团队成员及时交流信息和解决问题。

2. 制定详细的任务分配计划：团队成员需要制定详细的任务分配计划，明确每个成员的任务和责任，并且制定合理的时间表和进度计划。这可以帮助团队成员更好地协作和合作，减少冲突和误解。

3. 建立有效的进度跟踪机制：团队成员需要建立有效的进度跟踪机制，例如使用项目管理工具或者甘特图等。这可以帮助团队成员及时了解项目的进展情况，及时调整计划和任务分配。

4. 鼓励团队成员互相支持和协作：团队成员需要鼓励互相支持和协作，例如互相帮助解决问题、分享经验和知识等。这可以帮助团队成员更好地合作和协作，提高团队的效率和质量。

5. 建立奖励和激励机制：团队成员需要建立奖励和激励机制，以鼓励成员的积极性和创造力。例如，可以设立项目完成奖金、优秀成员奖励等。这可以帮助团队成员更好地合作和协作，提高团队的效率和质量。

总之，在软件开发项目中，提高团队协作效率需要不断地努力和实践。团队成员需要建立明确的沟通机制、制定详细的任务分配计划、建立有效的进度跟踪机制、鼓励互相支持和协作，以及建立奖励和激励机制，以实现项目的按时完成。

图 7-8　关于提示词“在一个为期三个月的软件开发项目中，如何提高团队协作效率，以确保项目按时完成？请考虑团队成员的沟通、任务分配和进度跟踪等方面。”的回答

7.3.5　提问时使用比较，分析优缺点并考虑实际应用

通过比较不同选项，可以引导 ChatGPT 提供更有针对性的答案。分析各选项的

优缺点，并考虑实际应用，有助于我们做出更明智的决策。这样，我们可以更全面地了解各个选项，从而提高决策质量。

第五个技巧简单讲就是进行比较，我们经常会问类似“这两件衣服哪件好？”这样的问题。当我们询问此类问题时，对方可能会给出一些泛泛的答案，因为对方可能并不了解实际应用情况。因此，在分析技术、产品或工具的优劣时，一定要有针对性，让对方知道你到底要着重分析哪些方面。

例如，在编程语言中，Python 和 Java 是两个非常具有代表性的语言。如果我们直接问“Python 和 Java 哪个好？”。这样的问题过于泛泛，ChatGPT 只能告诉我们这两种语言的特点（见图 7-9），例如 Python 适用于哪些场景，Java 适用于哪些场景，以及它们各自的特点等。正如图 7-9 显示的结果一样，得到的答案仍然让我们难以判断，因为这两种开发语言都非常强大，这些信息并没有实际价值。

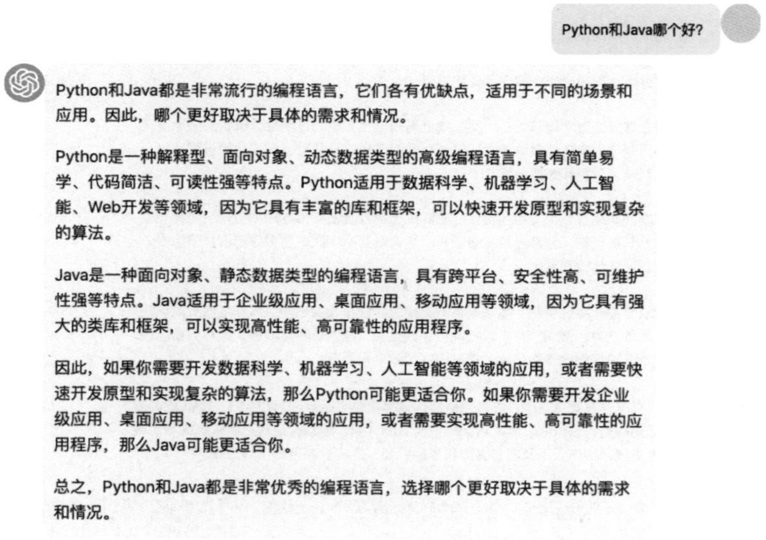

Python和Java哪个好?

Python和Java都是非常流行的编程语言，它们各有优缺点，适用于不同的场景和应用。因此，哪个更好取决于具体的需求和情况。

Python是一种解释型、面向对象、动态数据类型的高级编程语言，具有简单易学、代码简洁、可读性强等特点。Python适用于数据科学、机器学习、人工智能、Web开发等领域，因为它具有丰富的库和框架，可以快速开发原型和实现复杂的算法。

Java是一种面向对象、静态数据类型的编程语言，具有跨平台、安全性高、可维护性强等特点。Java适用于企业级应用、桌面应用、移动应用等领域，因为它具有强大的类库和框架，可以实现高性能、高可靠性的应用程序。

因此，如果你需要开发数据科学、机器学习、人工智能等领域的应用，或者需要快速开发原型和实现复杂的算法，那么Python可能更适合你。如果你需要开发企业级应用、桌面应用、移动应用等领域的应用，或者需要实现高性能、高可靠性的应用程序，那么Java可能更适合你。

总之，Python和Java都是非常优秀的编程语言，选择哪个更好取决于具体的需求和情况。

图 7-9　关于提示词“Python 和 Java 哪个好？”的反馈内容

为了得到更好的答案，我们需要限定一个范围或具体的应用场景。比如：“对于 Web 开发，Python 和 Java 哪个更适合？请分析它们各自的优缺点，并结合实际项目需求给出建议。”

这样的问题会让 ChatGPT 在一个特定的范围内进行比较，分析优缺点，并考虑实际应用情况，具体的回答如图 7-10 所示。

对于Web开发，Python和Java哪个更适合？请分析它们各自的优缺点，并结合实际项目需求给出建议。

对于Web开发，Python和Java都是非常流行的编程语言，它们各有优缺点，适用于不同的场景和应用。下面是它们各自的优缺点：

Python的优点：

1. 简单易学：Python语法简单，易于学习和使用。
2. 丰富的库和框架：Python具有丰富的库和框架，例如Django、Flask等，可以快速开发Web应用。
3. 高效的开发效率：Python的代码简洁、可读性强，可以快速开发原型和实现复杂的算法。
4. 适用于数据科学、机器学习、人工智能等领域：Python具有丰富的科学计算库和机器学习库，适用于数据科学、机器学习、人工智能等领域。

Python的缺点：

1. 性能较低：Python是解释型语言，性能较低，不适合开发高性能的Web应用。
2. 不适合大型企业级应用：Python的可维护性和可扩展性较差，不适合开发大型企业级应用。

Java的优点：

1. 跨平台：Java可以在不同的操作系统上运行，具有很好的跨平台性。
2. 安全性高：Java具有很好的安全性，可以保护Web应用的安全。
3. 强大的类库和框架：Java具有强大的类库和框架，例如Spring、Hibernate等，可以快速开发Web应用。
4. 高性能：Java是编译型语言，性能较高，适合开发高性能的Web应用。
5. 适用于大型企业级应用：Java的可维护性和可扩展性较好，适合开发大型企业级应用。

Java的缺点：

1. 语法较为复杂：Java语法较为复杂，学习和使用难度较大。
2. 开发效率较低：Java的代码量较大，开发效率较低。
3. 部署和维护成本较高：Java应用的部署和维护成本较高。

综上所述，对于Web开发，如果项目需要开发高性能的Web应用，或者需要开发大型企业级应用，那么Java可能更适合。如果项目需要快速开发Web应用，或者需要进行数据科学、机器学习、人工智能等领域的开发，那么Python可能更适合。当然，具体选择哪个语言还需要考虑团队成员的技能和经验，以及项目的具体需求和情况。

图 7-10　关于提示词“对于 Web 开发，Python 和 Java 哪个更适合？请分析它们各自的优缺点，并结合实际项目需求给出建议。”的回答

针对 Web 开发这个场景，ChatGPT 告诉我们这两种语言的优缺点，以及在开发过程中使用哪种语言会更好。具体来看，在 Web 开发中，如果需要开发高性能的

Web 应用或开发企业级应用时，Java 更适合。而如果项目是快速开发的，只需要调用一些其他领域的资源，那么使用 Python 可能会更好。因此，在不同场景下，我们需要了解如何正确地应用这些技术。

7.3.6　解释原因，深入理解答案并探讨影响因素

在提问时，解释原因可以帮助我们更好地理解答案。深入了解背后的原因和影响因素，有助于提高解决问题的能力。此外，了解原因还可以帮助我们更好地评估答案的可靠性，从而提高决策质量。

例如，我们经常会问："为什么要学习 Python？为什么要学习使用人工智能？为什么要学习大模型？"这样的问题可能会让 ChatGPT 困惑，因为它并不了解我们的具体场景和目的。即使是与真实的专家交流，他们也可能不明白问题的真正用意。

但是，如果我们问"为什么 Python 适合初学者？"，这个问题就会变得更具体。我们可以进一步请 ChatGPT 解释 Python 在易学性、应用性和社区知识方面的优势。

让我们来看一下效果。例如，针对一个简单的问题"为什么要学习 Python？"从图 7-11 中我们可以看到，ChatGPT 的答复告诉我们主要是 Python 具有简单易学、

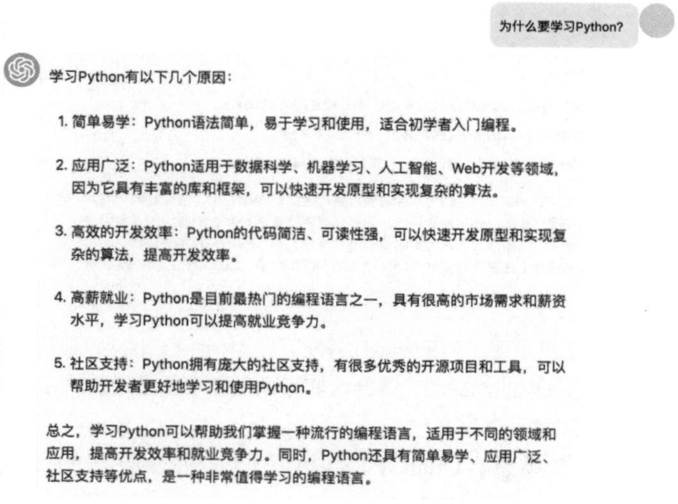

为什么要学习Python?

学习Python有以下几个原因：

1. 简单易学：Python语法简单，易于学习和使用，适合初学者入门编程。
2. 应用广泛：Python适用于数据科学、机器学习、人工智能、Web开发等领域，因为它具有丰富的库和框架，可以快速开发原型和实现复杂的算法。
3. 高效的开发效率：Python的代码简洁、可读性强，可以快速开发原型和实现复杂的算法，提高开发效率。
4. 高薪就业：Python是目前最热门的编程语言之一，具有很高的市场需求和薪资水平，学习Python可以提高就业竞争力。
5. 社区支持：Python拥有庞大的社区支持，有很多优秀的开源项目和工具，可以帮助开发者更好地学习和使用Python。

总之，学习Python可以帮助我们掌握一种流行的编程语言，适用于不同的领域和应用，提高开发效率和就业竞争力。同时，Python还具有简单易学、应用广泛、社区支持等优点，是一种非常值得学习的编程语言。

图 7-11　关于提示词"为什么要学习 Python？"的回答

应用广泛、高效开发、社区支持和高薪就业等特点。我们会觉得了解这些信息，实际上并没有太大帮助。在提问“为什么要学习 Python？”时，ChatGPT 并不知道这个问题是正面的、负面的还是客观的。甚至有可能是带有情绪的，例如“为什么要学习 Python？ Python 有什么好的？”。

然而，如果在问题里加入一些背景情况，例如“为什么 Python 适合初学者学习编程？请解释它在易学性、应用领域和社区支持方面的优势，以及可能的局限性。”这样，ChatGPT 给出的答案可能会更加精准。

从图 7-12 中我们会发现回答更加精细和具体。随意的问题可能导致随意的答案，而认真提问则会让回答更具体或全面，从而让我们获得的答案和信息更直接或实用。这是一个非常重要的特点。

为什么Python适合初学者学习编程？请解释它在易学性、应用领域和社区支持方面的优势，以及可能的局限性。

Python适合初学者学习编程的原因有以下几个方面：

1. 易学性：Python语法简单、清晰，易于理解和学习。Python的代码可读性强，注重代码的可读性和简洁性，使得初学者更容易理解和掌握。
2. 应用领域广泛：Python适用于数据科学、机器学习、人工智能、Web开发等领域，因为它具有丰富的库和框架，可以快速开发原型和实现复杂的算法。初学者可以通过学习Python，了解不同领域的应用，从而更好地选择自己的方向。
3. 社区支持：Python拥有庞大的社区支持，有很多优秀的开源项目和工具，可以帮助初学者更好地学习和使用Python。Python社区也非常活跃，有很多优秀的教程和资源，可以帮助初学者更好地学习和掌握Python。
4. 可读性强：Python的代码可读性强，注重代码的可读性和简洁性，使得初学者更容易理解和掌握。
5. 交互式编程：Python支持交互式编程，可以直接在命令行中输入代码并执行，方便初学者进行实验和调试。

当然，Python也有一些局限性，例如：

1. 性能较低：Python是解释型语言，性能较低，不适合开发高性能的应用程序。
2. 不适合大型企业级应用：Python的可维护性和可扩展性较差，不适合开发大型企业级应用。

总之，Python适合初学者学习编程，因为它易学性强、应用领域广泛、社区支持好、可读性强、交互式编程等优点。但是，Python也有一些局限性，需要根据具体需求和情况进行选择。

图 7-12　关于提示词“为什么 Python 适合初学者学习编程？请解释它在易学性、应用领域和社区支持方面的优势，以及可能的局限性。”的回答

7.3.7 使用条件限制，考虑实际情况并制定个性化方案

通过设置条件限制，可以让 ChatGPT 更有针对性地回答问题。考虑实际情况，有助于制定更实用的解决方案。这样我们可以获得更符合实际需求的答案，从而提高解决问题的效率。

第七个技巧是考虑限制条件。如果不考虑限制条件，ChatGPT 很难为我们提供个性化的方案。以减肥为例，你需要告诉 ChatGPT 自己的性别、减肥目标、时间限制、可用的锻炼时间以及喜欢或不喜欢的锻炼方式等。只有在了解我们的个性化需求时，ChatGPT 才能生成有针对性的方案。

在编程学习方面，我们经常会问“如何学习编程？”，这个问题可能让 ChatGPT 感到困惑，因为它不知道提问者的具体情况。是初学者还是有经验的程序员？是年轻人还是中年人？是没有编程经验还是已经学过一些编程方法？如果问题没有限制条件，我们也就无法获得足够的有用信息。图 7-13 所示展开了 ChatGPT 针对“如何学习编程？”给出的回答。

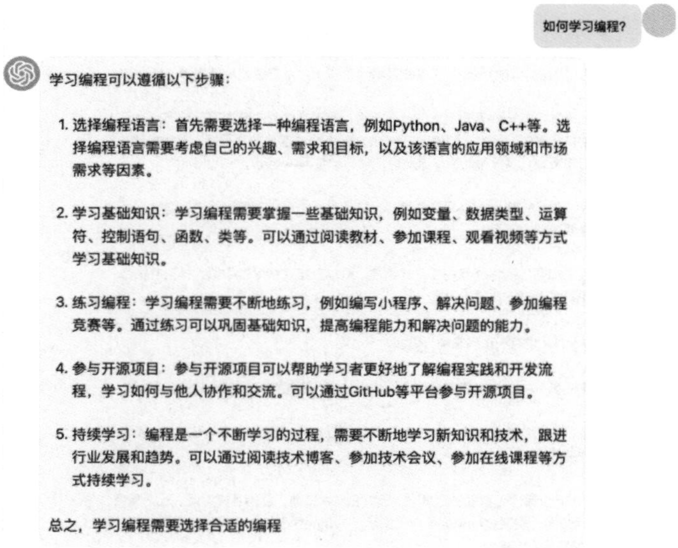

如何学习编程?

学习编程可以遵循以下步骤：

1. 选择编程语言：首先需要选择一种编程语言，例如Python、Java、C++等。选择编程语言需要考虑自己的兴趣、需求和目标，以及该语言的应用领域和市场需求等因素。
2. 学习基础知识：学习编程需要掌握一些基础知识，例如变量、数据类型、运算符、控制语句、函数、类等。可以通过阅读教材、参加课程、观看视频等方式学习基础知识。
3. 练习编程：学习编程需要不断地练习，例如编写小程序、解决问题、参加编程竞赛等。通过练习可以巩固基础知识，提高编程能力和解决问题的能力。
4. 参与开源项目：参与开源项目可以帮助学习者更好地了解编程实践和开发流程，学习如何与他人协作和交流。可以通过GitHub等平台参与开源项目。
5. 持续学习：编程是一个不断学习的过程，需要不断地学习新知识和技术，跟进行业发展和趋势。可以通过阅读技术博客、参加技术会议、参加在线课程等方式持续学习。

总之，学习编程需要选择合适的编程

图 7-13　关于提示词“如何学习编程？”的回答

正确的提问方式应该是这样的。首先，我们需要明确时间限制和需求。例如，

如果我每周只有 10 小时的学习时间，如何高效学习编程？请针对我的情况提供一份学习计划和建议，包括学习方法和时间管理。

然后，ChatGPT 会提供一些建议和计划，如图 7-14 所示。例如，可以学习编程基础，练习编程，参与开源项目，并持续学习。如果每周有 10 小时的学习时间，建议做好时间管理，例如每天安排 1 ～ 2 小时的学习时间。此外，还可以利用碎片时间，在社区中寻求帮助、交流并制订学习计划等。

如果我每周只有10小时的学习时间，如何高效学习编程？请针对我的情况提供一份学习计划和建议，包括学习方法和时间管理。

如果每周只有10小时的学习时间，可以采取以下学习计划和建议：

1. 制定学习计划：制定一个详细的学习计划，包括每周的学习目标、学习内容、学习时间等。可以根据自己的兴趣和需求选择一门编程语言，例如Python，然后按照学习路线图逐步学习。

2. 学习方法：采用高效的学习方法，例如分块学习、重复练习、自我测试等。可以通过阅读教材、观看视频、参加在线课程等方式学习编程知识，然后通过编写小程序、解决问题等方式进行练习。

3. 时间管理：合理安排学习时间，例如每天抽出1-2小时的时间进行学习，周末可以适当增加学习时间。可以利用碎片时间，例如在公交车上、等待时间等进行学习。

4. 寻求帮助：遇到问题时可以寻求帮助，例如在编程社区、论坛等平台上提问，或者向老师、同学等寻求帮助。

5. 持续学习：持续学习新知识和技术，可以通过阅读技术博客、参加技术会议、参加在线课程等方式持续学习。

总之，如果每周只有10小时的学习时间，需要制定详细的学习计划，采用高效的学习方法，合理安排学习时间，寻求帮助，持续学习新知识和技术。同时，需要保持耐心和毅力，不断积累经验和提高技能。

图 7-14　关于提示词“如果我每周只有 10 小时的学习时间，如何高效学习编程？请针对我的情况提供一份学习计划和建议，包括学习方法和时间管理”的回答

当然，我们可以继续迭代这个问题，以获得更多有针对性的信息。

7.3.8　提出开放性问题，激发创造力和思考深度并关注多元观点

提出开放性问题可以激发 ChatGPT 的创造力和思考深度。这类问题可以帮助你获得更多元的观点和解决方案，从而拓宽思路。此外，关注多元观点还有助于提高决策质量，因为你可以从不同角度评估问题。

第八个技巧是激发 GPT 的“创造力”和“深度思考能力”，当然这两个词都需要加引号。要做到这一点，我们需要提出一些开放性的问题，让 ChatGPT 为我们提供更多灵感和创新，提高你的决策能力。

以解决大城市交通拥堵为例，许多人可能会问：“如何将通勤时间从一小时缩短到 20 分钟？”，这个问题没有给出足够的限制条件，ChatGPT 可能无法给出具体的答案。但是，如果我们将问题改为“请提出三个具有创新性的解决交通拥堵的方案，并分析它们的可行性、潜在影响以及可能面临的挑战。”，这样的开放性问题将有助于激发 ChatGPT 的创造力和深度思考能力。

我们来看看在实践过程中，这两个问题的答复效果。首先，我们来谈谈如何解决交通拥堵问题。这是一个普遍存在的问题。

如图 7-15 所示，ChatGPT 给出的答案包括公交优先、道路建设管理、智能交通系统、鼓励非机动车、限制机动车以及实施交通管制等。这些措施正是我们现实生活中经常遇到的情况，如鼓励乘坐公交、骑行非机动车、实行单双号限行和交通管制等。然而，这些措施似乎并没有减少交通拥堵，或者说创新性并不足。

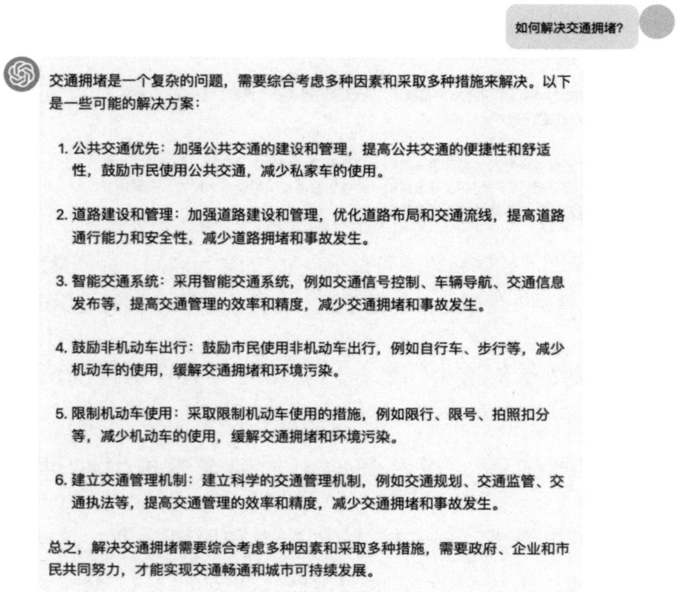

如何解决交通拥堵?

交通拥堵是一个复杂的问题，需要综合考虑多种因素和采取多种措施来解决。以下是一些可能的解决方案：

1. 公共交通优先：加强公共交通的建设和管理，提高公共交通的便捷性和舒适性，鼓励市民使用公共交通，减少私家车的使用。
2. 道路建设和管理：加强道路建设和管理，优化道路布局和交通流线，提高道路通行能力和安全性，减少道路拥堵和事故发生。
3. 智能交通系统：采用智能交通系统，例如交通信号控制、车辆导航、交通信息发布等，提高交通管理的效率和精度，减少交通拥堵和事故发生。
4. 鼓励非机动车出行：鼓励市民使用非机动车出行，例如自行车、步行等，减少机动车的使用，缓解交通拥堵和环境污染。
5. 限制机动车使用：采取限制机动车使用的措施，例如限行、限号、拍照扣分等，减少机动车的使用，缓解交通拥堵和环境污染。
6. 建立交通管理机制：建立科学的交通管理机制，例如交通规划、交通监管、交通执法等，提高交通管理的效率和精度，减少交通拥堵和事故发生。

总之，解决交通拥堵需要综合考虑多种因素和采取多种措施，需要政府、企业和市民共同努力，才能实现交通畅通和城市可持续发展。

图 7-15　关于提示词“如何解决交通拥堵？”的回答

如果我们考虑更具开放性的解决方案，ChatGPT 也会给出一些创造性的答复（见图 7-16）。例如无人驾驶系统，虽然这个技术仍处于探索阶段，也面临着诸如安全和法律方面的挑战，但是在不久的将来也有可能会落地。此外，高速列车等创新性想法也可以为我们提供灵感，在撰写相关材料或激发创意方面给我们提供辅助。

请提出三个具有创新性的解决交通拥堵的方案，并分析它们的可行性、潜在影响以及可能面临的挑战。

以下是三个创新性的解决交通拥堵的方案：

1. 无人驾驶公共交通系统：建立无人驾驶公共交通系统，例如自动驾驶巴士、地铁等，提高公共交通的便捷性和舒适性，减少私家车的使用。这种方案的可行性已经得到了验证，例如中国深圳已经开始试运营自动驾驶巴士。潜在影响是可以减少交通拥堵和环境污染，提高交通效率和安全性。挑战是需要解决技术、法律、安全等问题，同时需要考虑人员就业和社会接受度等问题。

2. 交通共享平台：建立交通共享平台，例如共享汽车、共享单车等，鼓励市民使用共享交通工具，减少私家车的使用。这种方案的可行性已经得到了验证，例如中国的摩拜单车、ofo等共享单车平台。潜在影响是可以减少交通拥堵和环境污染，提高交通效率和节约资源。挑战是需要解决管理、维护、安全等问题，同时需要考虑市场竞争和盈利模式等问题。

3. 超级高速列车系统：建立超级高速列车系统，例如超级磁悬浮列车、超级高速列车等，提高交通速度和效率，减少交通拥堵和环境污染。这种方案的可行性已经得到了验证，例如中国的上海磁浮列车。潜在影响是可以提高交通效率和节约资源，同时可以促进区域经济发展。挑战是需要解决技术、资金、安全等问题，同时需要考虑市场需求和盈利模式等问题。

总之，这三个创新性的解决交通拥堵的方案都有一定的可行性和潜在影响，但也面临着各种挑战和问题。需要政府、企业和市民共同努力，综合考虑多种因素和采取多种措施，才能实现交通畅通和城市可持续发展。

图 7-16　关于提示词“请提出三个具有创新性的解决交通拥堵的方案，并分析它们的可行性、潜在影响以及可能面临的挑战。”的回答

7.4　提示工程的万能“公式”

前面为大家总结了关于提问（或者叫“提示工程”）的八个技巧，希望能帮助大家提出更具针对性的问题。实际上，大家无须记住这八个技巧，我们可以把它们浓缩为四个步骤，只需记住这四个方面即可。这四个方面包括赋予身份、交代背景、具体需求和补充意见。

赋予身份：赋予身份意味着为人工智能设定一个角色，例如将 ChatGPT 视为一名资深编程人员。

交代背景：交代背景是为了让人工智能了解问题的具体情境，问出这个问题的原因。

具体需求：明确你需要 ChatGPT 做什么，需求越具体，人工智能提供的答复越有针对性。

补充意见：补充意见就是对提问的内容给出限定条件，或者给出一些个性化的要求。

例如，现在你希望教一个 10 岁的小朋友学习编程。具体需求是什么呢？每天教他一小时，要求内容易懂。补充条件是小朋友只有晚上才能学习。当你考虑这四个方面来构建问题时，会发现问题更加精准，给出的答案也更具实操性。

下面，我们通过一个完整的案例，来看看提示工程的万能公式该如何使用。

以一家四口去厦门旅行为例，通常情况下我们会问 ChatGPT ："国庆假期想去厦门玩，有啥建议？"

这个问题可能无法得到很多具体的建议。但是，如果我们按照刚才提到的四个步骤来提问，问题将更具针对性。

首先赋予身份：告诉 ChatGPT，你是一名厦门当地的资深导游。

其次交代背景：国庆假期，一家四口（包括提问者、提问者的妻子和两个孩子）计划去厦门旅行。

再次说明具体需求：在四天的假期中，孩子们喜欢大海，爱人喜欢美食，请为我们安排行程和用餐。

最后补充意见：请不要安排得太紧张，我们希望能够轻松地游玩，而不是整日奔波。

通过这样的提问方式（见图 7-17），我们将更有可能获得详细且实用的建议，帮助你更好地规划旅行。

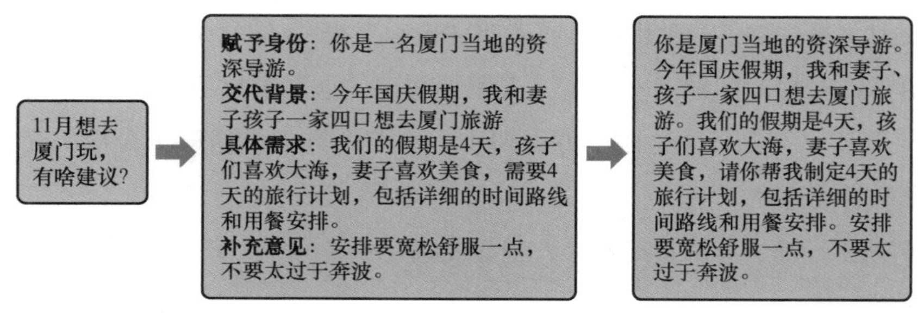

图 7-17　提示词万能公式在旅行计划上的使用

当根据这个公式进行提问的时候，ChatGPT 给出的出行建议如图 7-18 所示。

当然可以根据您的需求，我为您和您的家人制定了一份为期4天的厦门旅行计划。这个计划充分考虑了您家人的兴趣和需求，安排宽松舒适，免过于奔波。

第1天：抵达厦门，休息和适应环境

- 上午：抵厦门高崎国际机场或火车站，前往酒店办理入住手续。
- 中午：在店附近品尝当地美食，如沙茶面、蚵仔煎等。
- 下午：休息，适应环境。如有兴趣，可以在附近逛逛，感受厦门的市区风光。
- 晚上：附近品尝厦门的夜市美食，如烧烤、炒粿条等。

第2天：鼓浪屿一游

- 上午：乘坐轮渡前往鼓浪屿，游览日光岩、菽庄花园等景。
- 中午：在鼓浪屿品尝当地特色美食，如土笋冻、烧肉粽等。
  游览鼓浪屿的老别墅区，欣赏历史悠久的建筑，参观钢琴博物等。
- 晚上：返回厦门市区，品尝海鲜大排档，尝试燕鱼、炒蛤蜊美味海鲜。

第3天：环岛路和海滨休闲

- 上午：沿着环岛路骑行散步，欣赏美丽的海滨风光。途经白城沙滩、海滨公园等景点。
  中午：在附近的海鲜餐厅享用午餐，品尝各种新鲜美味的海鲜。
  下午：前往观音山海滨度假区，让孩子们在沙滩上玩耍，欣赏大海。
- 晚上：在附近的餐厅享用晚餐，尝试厦门的其他特色美食，如闽南菜等。

第4天：南普陀寺和厦门大学

- 上午：游览南普陀，欣赏寺庙建筑和美丽的山水风光。
- 中午：在寺庙附近的素食享用午餐，体验禅意美食。
- 下午：参观厦门大学，欣赏美丽的校风光，游览芙蓉湖、曾厝垵等景点。
- 晚上：在厦门市区品尝最后顿美食，回味这次旅行的美好时光。

第5天：离开厦门

- 上午退房，前往机场或火车站，结束愉快的厦门之旅。

这个行程安排了厦门的主要景点和美食体验，同时保证了宽松舒适的旅行节奏。希望这计划能让您和您的家人度过一个愉快的厦门之旅！祝您旅途愉快！

图 7-18　ChatGPT 针对旅行计划的回答

第一天，抵达厦门后，安排一天的休息和适应时间。

第二天，参观鼓浪屿，品尝当地美食，并决定是否在岛上过夜。

第三天，在厦门市区骑行游览，品味闽南菜，并参观度假村等景点。

第四天，游览南普陀寺和厦门大学，中午在南普陀寺附近用餐，下午继续参观厦门大学。

第五天，离开厦门。

通过这样的提问，我们将获得更具针对性的答案，包括景点推荐、美食建议和住宿方案等。这些答案将更具实操性，帮助我们更好地规划旅行。因此，当我们向 ChatGPT 提问时要包含四个要素：赋予身份、交代背景、具体需求和补充意见。这样，我们将能够提出更有针对性的问题，并获得更实用的答案。

7.5 让 ChatGPT 成为你的“编程家教”

ChatGPT 善于对网上的海量信息进行整合，我们可以利用这一整合结果，获取新知识。在编程领域，ChatGPT 可以提供如下帮助：当我们漫游于学海，找不到重点时，ChatGPT 通过总结常用的知识点为我们提供学习建议；当我们需要动手写代码时，ChatGPT 在写代码、解释代码、修改代码几个方面提供得力帮助；当我们的代码被 Bug 卡住无法运行时，ChatGPT 帮助我们调试代码。这一节我们将依次介绍这些妙用。

7.5.1 用 ChatGPT 获得编程学习建议

近几年，越来越多的人开始了解编程，渴望学习编程。在编程知识的海洋里探寻宝藏，可以获得哪些对于初学者来说重要且容易上手的知识点呢？以对于初学者十分友好的 Python 为例，让 ChatGPT 为我们提供一些适合入门学习的知识点建议。这里的知识点不是抽象的概念模块，而是落实到具体的技能点，让我们可以无缝衔接地学习。

数据处理是 Python 的重要模块，以数据处理为例，我们来看如何通过对话引导 ChatGPT 提供具体的知识点建议。首先，为用户和 ChatGPT 分别设置编程小白和编程高手的身份，引导 ChatGPT 给出通俗易懂的解释，再提问 Python 有哪些数据处理的核心技能点。ChatGPT 把数据处理的步骤进行拆解，给出详细的回答。但是对于新手来说，答案中的 11 个技能点显然太多（见图 7-19），很多技能太过抽象，难

以理解。

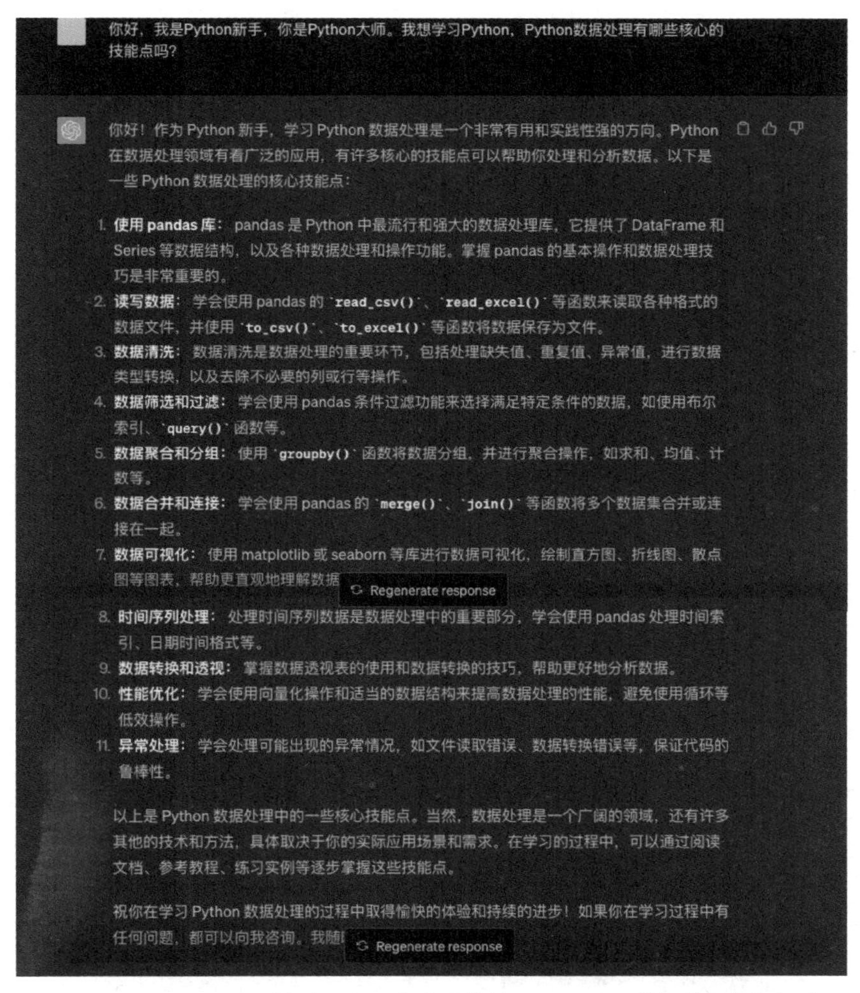

图 7-19　ChatGPT 针对用户需求生成的关于 Python 数据处理的知识点

这时我们需要对 ChatGPT 回答的技能点数量进行限制，并要求为每个技能点提供更详细的信息，比如函数（可理解为程序中处理具体任务的工具）。

按照上面的思路进行追问，将技能点的数量限制到 3 个，同时要求提供常用的函数。ChatGPT 就给出了更加符合预期的回答，从 Pandas 库的常用函数、数据清洗的常用函数以及数据筛选过滤的函数这 3 个方面来回答（见图 7-20）。每个函数都提供名称和基本功能的解释，便于我们使用函数名称进行查找和学习。

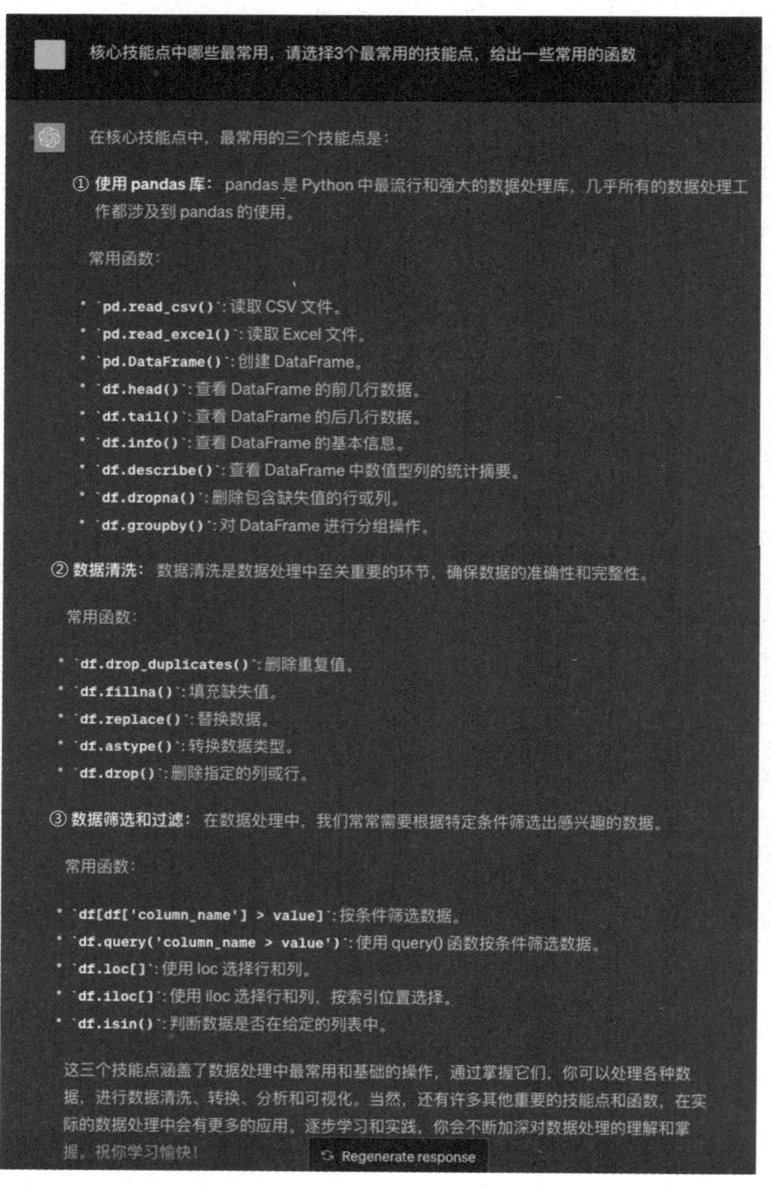

图 7-20　ChatGPT 给出 Python 在数据处理方面常用的函数

7.5.2　用 ChatGPT 写代码

除了为编程学习提供具体的知识点，ChatGPT 还可以编写代码。运用这一功能，编程小白可以借助 ChatGPT 学习基础的编程技能，完成免费的入门学习。程序员也可以利用 ChatGPT 来为基础编程模块的代码提供参考，提升编程效率。

下面，让我们来用 ChatGPT 编程，其中包括几个常见的编程场景：用 ChatGPT 写代码，让 ChatGPT 对代码做出解释，让 ChatGPT 按照需求修改代码。实现的代码功能主要是 Python 常用的基础功能——数据读取、数据处理和绘图。

首先，我们通过提问的方式让 ChatGPT 来写代码。对于编程类问题，在提问时注意描述输入，处理步骤和输出（或运行结果）。同时，为 ChatGPT 赋予编程专家的身份，为提问者赋予编程小白的身份，可以让 ChatGPT 用更加通俗易懂的方式回答问题。下面以广为流行且初学者容易上手的 Python 语言为例，让 ChatGPT 教我们写一段读取 Excel 文件的 Python 代码。

我们可以写出这样一段提示词："你是 Python 编程专家，我是 Python 新手，请帮我写一段 Python 代码，用于读取一份 Excel 文件中的数据，数据储存的路径为 xxx，文件名为 data.xlsx，将数据存入名为 input_data 的变量。"在这段话中，输入为 Excel 文件，运行结果为生成储存信息的变量，操作方式为读取文件并将读取的数据进行存储。在对话过程中，如果不希望提供个人信息（比如计算机上的文件地址、数据的列名等）可以在提问时用其他词汇进行替换，更好地保障对话中信息的隐私。

对于这个问题，ChatGPT 的答复非常具体，考虑了多种情况，划分了步骤且有充分的解释说明，如图 7-21 所示。在使用 pandas 库前，提示我们如果还没有安装该库，可以先进行安装。在读取文件时，提示我们把文件路径由 xxx 替换为实际的路径，还额外考虑到 Excel 文件可能有多张工作表，并介绍了指定具体工作表的方法。此外，ChatGPT 还对代码进行了解释。比如，代码用到的 read_excel 是 pandas 库中一个读取 Excel 文件的函数。

除了帮我们写代码，对于代码中不清楚的地方，我们可以通过"哪里不会点哪里”的思路对 ChatGPT 继续追问。比如向 ChatGPT 请教，上一段代码中储存输入数据的 input_data 变量是什么数据类型。通过图 7-22 所示的回答发现，ChatGPT 具有良好的上下文关联能力，能将本次提问中的 input_data 和上次的提问信息进行关联。同时，ChatGPT 的回答有点有面，不仅回答了 input_data 的数据类型为 pandas.DataFrame，也进行了知识拓展，详细地介绍了 pandas.DataFrame 的结构（二维数据表格，以列为存储单位），每一列的构成以及其广泛的应用场景。

图 7-21　ChatGPT 针对用户需求生成的读取数据的 Python 代码及描述

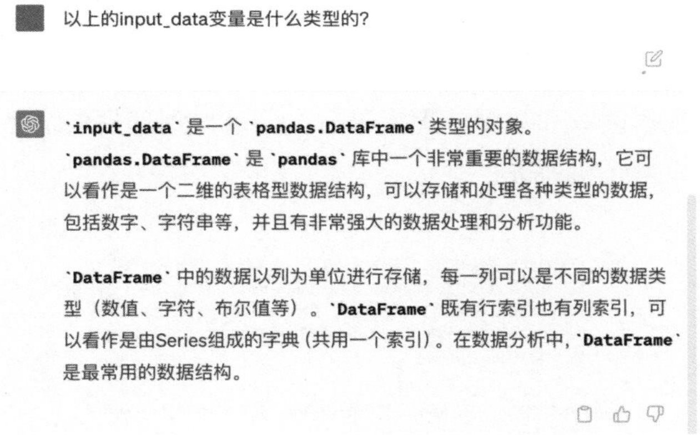

以上的input_data变量是什么类型的?

`input_data` 是一个 `pandas.DataFrame` 类型的对象。

`pandas.DataFrame` 是 `pandas` 库中一个非常重要的数据结构，它可以看作是一个二维的表格型数据结构，可以存储和处理各种类型的数据，包括数字、字符串等，并且有非常强大的数据处理和分析功能。

`DataFrame` 中的数据以列为单位进行存储，每一列可以是不同的数据类型（数值、字符、布尔值等）。`DataFrame` 既有行索引也有列索引，可以看作是由Series组成的字典（共用一个索引）。在数据分析中，`DataFrame` 是最常用的数据结构。

图 7-22　ChatGPT 针对用户追问的编程问题进行答复

下面，我们交给 ChatGPT 一个更有挑战性的任务，让它帮我们写一段数据处理的代码。代码中用到的 input_data 数据包括如下 3 列：商品名称、商品价格以及商品数量。任务为用 input_data 中对应的商品单价乘以数量计算出商品总价，并把总价的数据存入 input_data 中新的一列。这个任务相对于标准化的数据读取，有更强的创新性，需要对特定的输入数据进行指定的操作。同时，这个任务和上文的数据读取有关联，相当于是读取数据后的下一步操作。我们把这个任务写成一段提示词，并输入给 ChatGPT：“你是 Python 编程专家，我是 Python 新手。请帮我写一段数据处理的代码。输入数据为上文中的 input_data，input_data 数据包括 3 列，列名分别为商品名称、商品价格、商品数量（见表 7-1）。请帮我写一段 Python 代码，在 input_data 中添加一列，列名为商品总价，计算方式为商品价格 * 商品数量，并打印 input_data。”

表 7-1　输入数据的示例

商品名称	商品价格	商品数量
毛绒玩具	20	4
奶茶	5	2
笔记本	8	1

如图 7-23 所示，在 ChatGPT 的回答中，不仅有完整的代码，还梳理了任务逻辑：创建新列→使用乘积填充→打印。同时 ChatGPT 给出了贴心的提示：注意输入

数据的类型，如果输入数据的类型不满足要求，要先对数据进行调整。ChatGPT 像一位经验老到的程序员，清楚地了解编程中常见的“坑”，提醒我们绕开。在运行 ChatGPT 提供的数据读取和数据处理代码后，即可得到理想的结果，即在数据中添加商品总价列，如图 7-24 所示。

你是Python编程专家，我是Python新手。请帮我写一段数据处理的代码。输入数据为上文中的input_data，input_data数据包括3列，列名分别为商品名称、商品价格、商品数量。请帮我写一段Python代码，在input_data中添加一列，列名为商品总价，计算方式为商品价格*商品数量，并打印input_data。

当然，你可以使用`pandas`库来做这件事情。你可以通过创建一个新列，然后使用两个已有列的乘积来填充新列的方式来实现这个需求。

下面是一段示例代码：

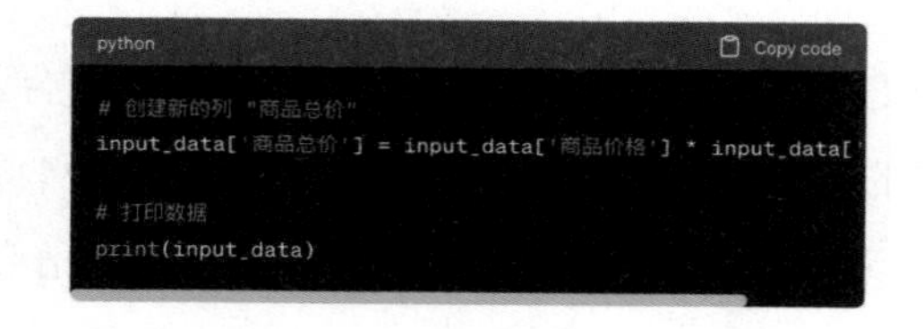

这段代码首先创建了一个新的列"商品总价"，然后使用已有的"商品价格"和"商品数量"两列的乘积来填充新列。最后，使用`print`函数打印了`input_data`。注意，这段代码假设"商品价格"和"商品数量"两列的数据类型是可以进行乘法运算的类型，如整数或浮点数。如果这两列的数据不是这些类型，你可能需要先进行类型转换。

图 7-23　ChatGPT 针对用户需求生成的关于数据处理的 Python 代码以及描述

```
import pandas as pd

file_path = 'data.xlsx'
input_data = pd.read_excel(file_path, sheet_name = 'Sheet1')
input_data['商品总价'] = input_data['商品价格'] * input_data['商品数量']
print(input_data)
```

	商品名称	商品价格	商品数量	商品总价
0	毛绒玩具	20	4	80
1	奶茶	5	2	10
2	笔记本	8	1	8

图 7-24　运行 ChatGPT 提供的 Python 代码示例

除了数据处理的功能外，可视化绘图也是编程的常用功能。让我们测试一下 ChatGPT 是否也能胜任绘图代码的编写。下面我们编写一段提示词，让 ChatGPT 写一段读取数据并绘制图表的代码。

首先描述输入的数据（见图 7-25），再要求 ChatGPT 写一段绘制折线图的代码（见图 7-26）。从回答中可以看出，ChatGPT 在完成任务时还为绘制的图像添加了部分信息。比如，提示词只是描述用输入数据画折线图，没有规定折线图的横轴标签、纵轴标签以及折线图的标题。ChatGPT

	A	B
1	price	quantity
2	20	40
3	40	20
4	80	10
5	90	5
6	100	3

图 7-25　输入数据示例

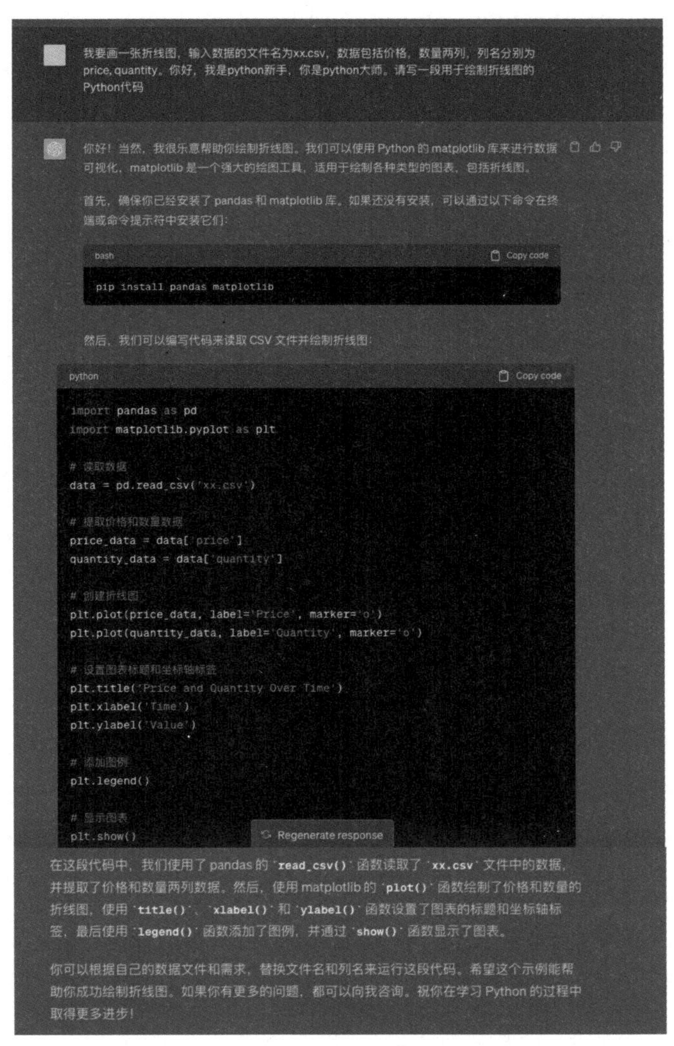

图 7-26　ChatGPT 针对用户需求生成的绘制折线图的 Python 代码以及描述

在绘制图片时以时间为横轴，数值为纵轴，分别展现不同时间点的 price、quantity 数值，将横轴标注为“Time”代表时间，并添加了不同时间点的数字；将纵轴标注为“Value”代表不同种类的数值。此外，还为图片配上“Price and Quantity Over Time”（价格和销量随时间的变化）标题。可以说，ChatGPT 填补了缺失的绘图细节信息，完成了图片绘制的代码，并对绘图代码用到的函数（比如 plot()）进行了解释。

运行 ChatGPT 提供的代码，是否能得到理想的效果呢？运行代码会得到图 7-27 所示的绘图，效果十分理想。可以看出，随着时间推移，商品售价逐渐提高，销量呈现逐渐下降的趋势，图里的数据点也和输入数据一致。

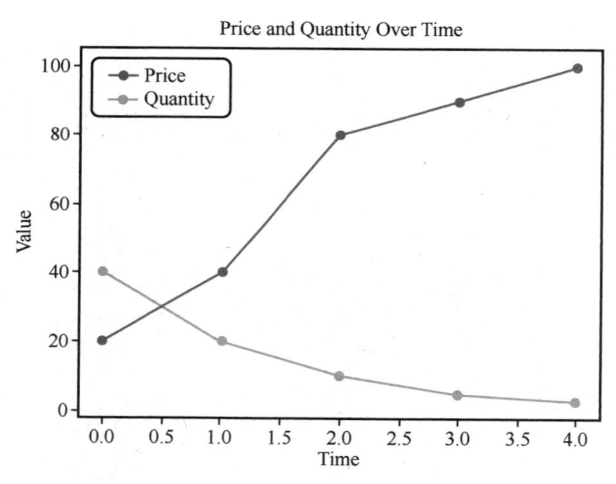

图 7-27　运行 ChatGPT 生成的代码完成绘图

如果对 ChatGPT 提供的代码不满意，希望进一步修改时，还可以做个甲方，给 ChatGPT 提出修改代码的要求。比如在本例中，希望改变图表的标题，将其变为“Milktea Price and Quantity Over Time”（奶茶价格和销量随时间的变化），可以要求 ChatGPT 对于上述代码进行修改。ChatGPT 是个任劳任怨的乙方，不仅提供了修改后的完整代码，还贴心地标注了具体的修改点（将 title 函数中的参数进行修改），如图 7-28 所示。

运行修改后的代码，就得到了新绘制的图表（见图 7-29），表的标题已经改为“Milktea Price and Quantity Over Time”（奶茶价格和销量随时间的变化）。可见，ChatGPT 不仅具备基础的代码生成能力，还具备按照用户需求对代码进行微调的能力。

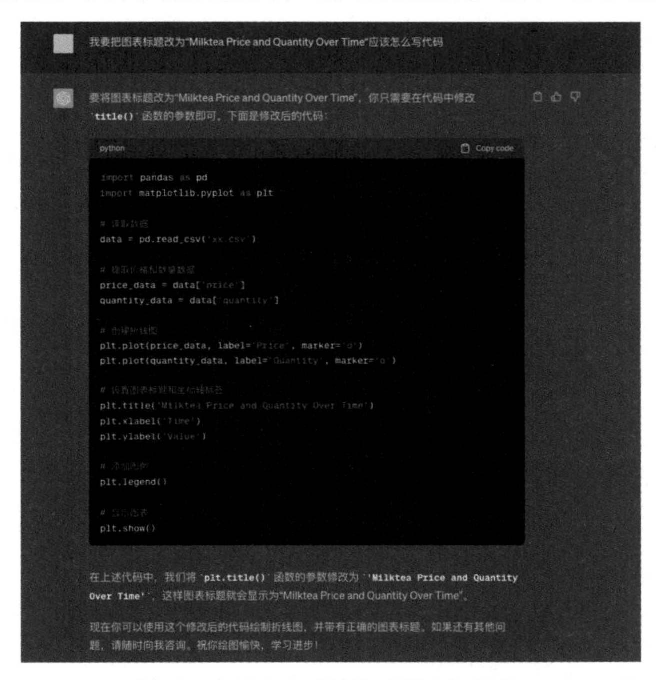

图 7-28　ChatGPT 针对用户需求生成的修改图表标题的 Python 代码以及描述

图 7-29　运行 ChatGPT 生成的代码绘图并修改图表标题

综上，在这部分，我们通过实例体验了 ChatGPT 在写代码、解释代码修改代码方面的应用。这些能力可以帮助编程新手熟悉代码，也可以帮助程序员提升编程效率。

7.5.3 让 ChatGPT“捉虫”

熟悉编程的人一定常常接触到“debug”(调试)，也就是排除程序故障，又称“捉虫”。除了写代码外，程序员的大量时间花在处理代码报错，找出报错的原因并进行修改上。ChatGPT 在 debug 方面可以提供贴心的帮助，给出不同类型报错的可能原因，让我们有的放矢地调试。

前面介绍了如何让 ChatGPT 写一段读取数据的代码。如果在读取数据时程序报错，又应该如何解决呢？让我们把“你好，我是 Python 新手，你是 Python 大师。read_csv 函数报错应该怎么办？”这个问题抛给 ChatGPT。如图 7-30 所示，我们可以看到，ChatGPT 给出了合理的问题分类，比如文件路径问题、文件编码问题、文件分隔符问题等。对于每个问题，还给出了特定的解决方案，比如检查文件路径、在函数中指定编码方式等。按照 ChatGPT 提供的列表一项项检查并改正，就可以避免多种类型的问题。

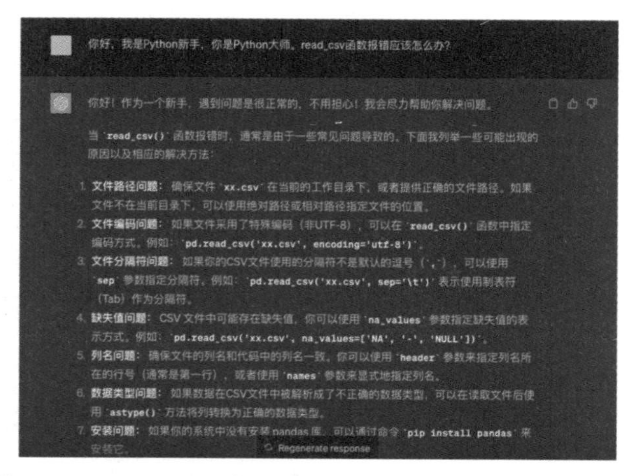

图 7-30 ChatGPT 总结的常见数据读取问题以及应对方式

以上的例子展示了当我们遇到代码报错，但是没有报错的细节信息时如何与 ChatGPT 沟通。当我们有更加明确的报错信息时，只需要将“场景 + 工具 + 问题”描述清楚即可，然后直接提供给 ChatGPT 以获得更有针对性的指导。比如以打开文件为场景时，工具为 read_csv 函数，问题为内容显示为乱码，可以将需求描述为“用 read_csv 函数打开文件出现乱码怎么办”。当我们把这个问题抛给 ChatGPT 时，ChatGPT 提供了几种解决方案（见图 7-31）。当我们了解输入文件的编码方式时，可以在函数中用 encoding = xx 的方式指定编码类型。当我们不了解文件用何种方式编码时，可以先用代码检测编码方式，再读取数据。当文件本身存在非标准码时，可以在保存文件的环节进行优化。

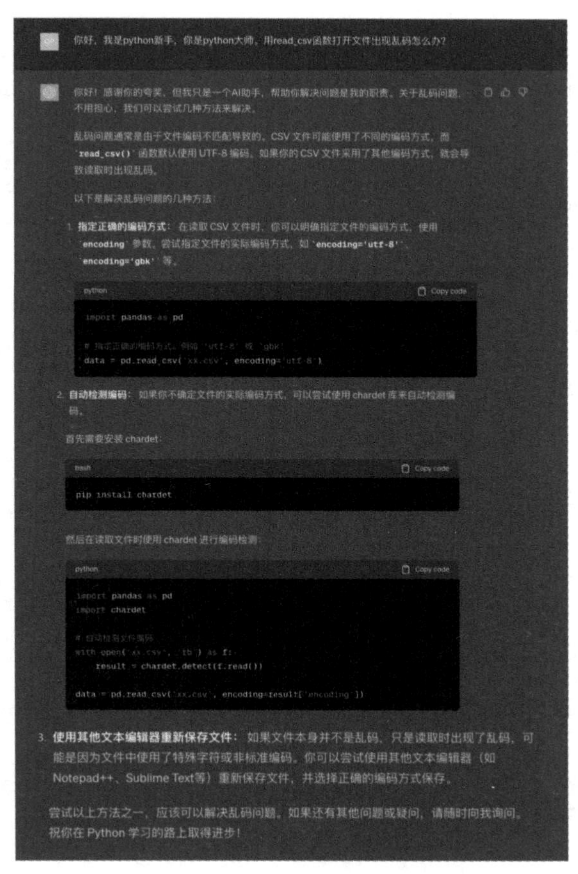

图 7-31　ChatGPT 总结的读取数据时出现乱码问题的解决方式

综上，用好 ChatGPT 可以帮助我们更好地掌握编程知识，并提升实际编程的体验和效率。ChatGPT 可以帮我们总结编程细分领域的核心知识点，可以帮我们编写、解释、修改代码，也可以帮我们从代码中“捉虫”。相比于报培训班，用 ChatGPT 入门学习可谓物美价廉。

7.6 ChatGPT 实战案例集

7.6.1 关于提升学习效率的提问技巧

- 你是【** 领域】的专家，请告诉我关于【** 领域】的十个初学者需要理解的问题，创建一个包含问题示例的表格。图 7-32 展示了 ChatGPT 的回复。

你是人工智能领域的专家，请告诉我关于大模型领域的十个初学者需要理解的问题，创建一个包含问题示例的表格。

以下是大模型领域的10个初学者需要理解的问题。

序号	问题
1	什么是大模型?
2	大模型如何训练?
3	什么是监督学习和无监督学习?
4	什么是深度学习和神经网络?
5	什么是模型的过拟合和欠拟合?
6	如何评估模型的性能?
7	什么是迁移学习?
8	什么是自然语言处理（NLP）?
9	如何处理大数据集?
10	什么是模型的偏差和方差?

这些问题涵盖了大模型领域的基础知识，包括模型的训练、评估，以及一些常见的机器学习和深度学习概念。理解这些问题和答案，可以帮助初学者更好地理解大模型领域。

图 7-32　根据提示，ChatGPT 整理了十个大模型领域的初学者需要理解的问题

- 你是【** 领域】的专家，我想学习【** 技能】，并且是一个初学者，请你为我创建一个 30 天的学习计划，帮助我学习这个技能。图 7-33 展示了 ChatGPT 的回复。

你是钢琴演奏领域的专家，我想学习弹钢琴，并且是一个初学者，请你为我创建一个30天的学习计划，帮助我学习这个技能。

以下是一个为期30天的初级钢琴学习计划。

第1~5天：了解钢琴和基础知识

- Day 1: 了解钢琴的结构和键盘布局
- Day 2: 学习音符和节拍的基础知识
- Day 3: 学习五线谱和简谱的阅读
- Day 4: 学习基础的音阶和和弦
- Day 5: 练习简单的音阶和和弦

第6~10天：基础技巧和练习

- Day 6: 学习和练习正确的手型和指法
- Day 7: 学习和练习基础的左手和右手协调
- Day 8: 练习简单的旋律
- Day 9: 练习简单的和弦伴奏
- Day 10: 复习和巩固前几天的学习内容

第11~20天：学习和练习简单的曲目

- Day 11~15: 学习和练习一首简单的曲目，如《小星星》
- Day 16~20: 学习和练习另一首简单的曲目，如《欢乐颂》

第21~30天：提高技巧和挑战更复杂的曲目

- Day 21~25: 学习和练习更复杂的音阶和和弦
- Day 26~30: 学习和练习一首稍微复杂的曲目，如《月亮代表我的心》

请注意，学习钢琴需要耐心和练习，每天都要保持练习。如果可能的话，找一个钢琴教师或者参加在线课程，可以更有效地学习。

图 7-33　根据提示，ChatGPT 提供了一份为期 30 天的学习计划

- 你是【** 领域】的专家，我想更多地学习【** 领域】的知识，请你识别并分享这个主题中最重要的 20% 的学习内容，这将有助于我理解其中 80% 的内容。图 7-34 展示了 ChatGPT 的回复。

你是素描绘画的专家，我想更多地学习素描绘画的知识，请你识别并分享这个主题中最重要的20%的学习内容，这将有助于我理解其中80%的内容。

素描是一项基础的绘画技巧，它涉及观察、理解和表达形状、比例、光影等元素。以下是素描绘画中最重要的20%的学习内容，这些基础知识和技巧将帮助你理解和掌握素描的80%的内容。

1. **观察技巧**：观察是素描的基础。学习如何观察物体的形状、大小、比例、光影等细节，以及如何将这些观察到的信息转化为绘画。
2. **基本形状和比例**：理解和掌握基本的几何形状（如圆形、方形、三角形等）是非常重要的，因为复杂的物体可以被分解为这些基本形状。同时，学习如何正确地画出物体的比例也是非常重要的。
3. **线条和轮廓**：线条是素描的基础元素。学习如何使用线条来描绘物体的轮廓，以及如何通过改变线条的粗细、长度和方向来表达物体的形状和结构。
4. **光影和质感**：光影是给物体创造立体感的关键。学习如何观察和描绘光线如何影响物体的明暗、色彩和质感。
5. **构图**：构图是决定画面布局和视觉效果的重要因素。学习如何通过构图来引导观众的视线，以及如何通过构图来表达主题和情感。

以上这些内容是素描绘画的基础，掌握了这些，你就可以开始尝试各种不同的素描项目，进一步提高你的技巧和理解。

图 7-34　根据提示，ChatGPT 梳理了关于素描的学习重点

- 概括【** 作者】的书【** 书】，并给我列出十个最重要的观点。图 7-35 展示了 ChatGPT 的回复。
- 你是【** 领域】的专家，我正在写一篇关于【** 主题】的文章。请你为这篇文章列出十个要点作为大纲。给我五个吸引人的标题。图 7-36 展示了 ChatGPT 的回复。
- 我想了解一本知名的书【** 书名】，请你帮我分析一下这本书并提炼文章主

旨，按照要点反馈给我。图 7-37 展示了 ChatGPT 的回复。

概括路遥的书《平凡的世界》，并给我列出十个最重要的观点。

《平凡的世界》是路遥的代表作，这部小说以中国北方农村为背景，描绘了主人公孙少安和他的家人、朋友们在社会变革中的生活。这是一部关于爱情、亲情、友情和理想的史诗般的作品。

以下是这本书中的十个重要观点。

1. **坚韧不拔**：无论生活多么艰难，我们都应该坚持下去，像孙少安那样，不断努力，不断奋斗。

2. **家庭的重要性**：家庭是我们生活的基石，无论我们走到哪里，家庭都是我们的避风港。

3. **爱情的力量**：爱情可以让人们变得更强大，像田晓霞和孙少平的爱情那样，即使面临困难，也能坚持下去。

4. **社会责任感**：我们都应该对社会有责任感，像孙少安那样，为了社区的发展，不断努力。

5. **教育的重要性**：教育可以改变人的命运，像孙少平那样，通过学习，改变了自己的生活。

6. **理想的追求**：我们都应该有自己的理想，并为之奋斗，像孙少平那样，为了理想，不断努力。

7. **人生的起伏**：人生总是充满了起伏，我们应该学会接受并面对它。

8. **勤劳的价值**：勤劳可以让人得到回报，像孙少安那样，通过勤劳，改善了自己的生活。

9. **友情的力量**：友情可以让我们在困难中得到支持，像孙少平和田润叶的友情那样，互相支持，共同成长。

10. **改变的可能性**：无论我们的出身如何，我们都有可能改变自己的命运，像孙少安和孙少平那样，通过自己的努力，改变了自己的生活。

这些观点和教导展示了路遥对人生的深刻理解，他的作品鼓励我们在面对困难时，保持坚韧不拔，勇往直前。

图 7-35　根据提示，ChatGPT 概括了《平凡的世界》一书的十个重要观点

你是人工智能领域的专家，我正在写一篇关于《人工智能将助力普通人成为超级个体》的文章。请你为这篇文章列出10个要点作为大纲。给我五个吸引人的标题。

以下是关于《人工智能将助力普通人成为超级个体》文章的10个要点大纲。

1. **人工智能的定义和发展**：解释人工智能的基本概念，以及其发展历程和当前的应用领域。
2. **人工智能的能力**：详细介绍人工智能的能力，包括学习、理解、预测、自动化等。
3. **人工智能如何提升个体能力**：讨论人工智能如何通过提供个性化的学习、健康管理、生活助手等服务来提升个体能力。
4. **人工智能在日常生活中的应用**：列举一些人工智能在日常生活中的应用实例，如智能家居、虚拟助手等。
5. **人工智能在工作中的应用**：探讨人工智能如何帮助提升工作效率，如自动化的数据分析、预测模型等。
6. **人工智能在教育中的应用**：讨论人工智能如何提供个性化的学习资源和教育服务。
7. **人工智能在健康管理中的应用**：探讨人工智能如何帮助个体进行健康管理，如智能健康监测、疾病预测等。
8. **人工智能的挑战和限制**：讨论人工智能的一些挑战和限制，如数据隐私、算法偏见等。
9. **人工智能的未来发展**：预测人工智能的未来发展趋势，以及它将如何进一步提升个体能力。
10. **结论**：总结人工智能如何将普通人变为超级个体，以及这对社会的影响。

以下是5个吸引人的标题。

1. “超级个体：人工智能如何塑造未来的我们”
2. “人工智能：通往超级个体的桥梁”
3. “人工智能的力量：普通人的超级转变”
4. “超越自我：人工智能如何助力我们成为超级个体”
5. “人工智能的魔力：从普通人到超级个体的旅程”

图 7-36 根据提示，ChatGPT 拟定了文章大纲并给出了五个吸引人的标题

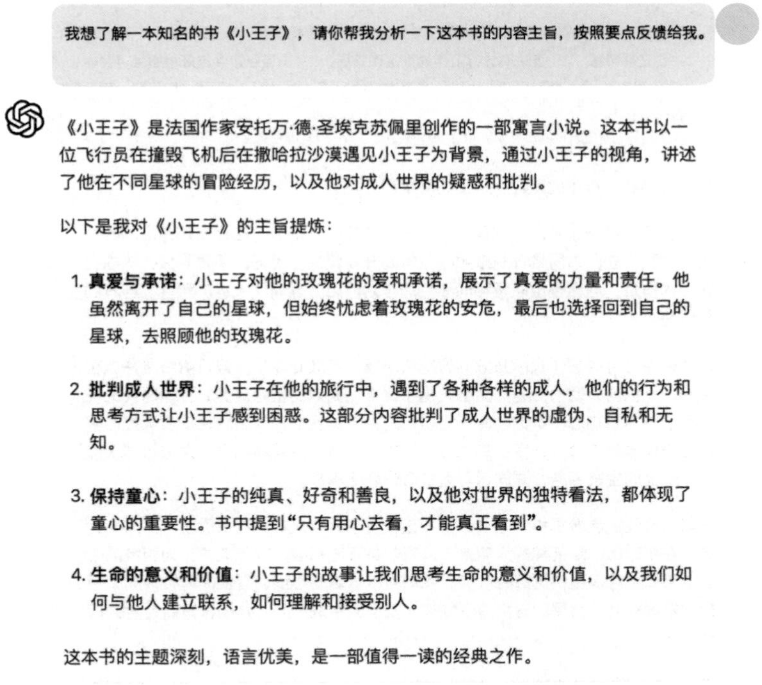

我想了解一本知名的书《小王子》，请你帮我分析一下这本书的内容主旨，按照要点反馈给我。

《小王子》是法国作家安托万·德·圣埃克苏佩里创作的一部寓言小说。这本书以一位飞行员在撞毁飞机后在撒哈拉沙漠遇见小王子为背景，通过小王子的视角，讲述了他在不同星球的冒险经历，以及他对成人世界的疑惑和批判。

以下是我对《小王子》的主旨提炼：

1. **真爱与承诺**：小王子对他的玫瑰花的爱和承诺，展示了真爱的力量和责任。他虽然离开了自己的星球，但始终忧虑着玫瑰花的安危，最后也选择回到自己的星球，去照顾他的玫瑰花。

2. **批判成人世界**：小王子在他的旅行中，遇到了各种各样的成人，他们的行为和思考方式让小王子感到困惑。这部分内容批判了成人世界的虚伪、自私和无知。

3. **保持童心**：小王子的纯真、好奇和善良，以及他对世界的独特看法，都体现了童心的重要性。书中提到“只有用心去看，才能真正看到”。

4. **生命的意义和价值**：小王子的故事让我们思考生命的意义和价值，以及我们如何与他人建立联系，如何理解和接受别人。

这本书的主题深刻，语言优美，是一部值得一读的经典之作。

图 7-37　根据提示，ChatGPT 对《小王子》一书的主旨进行了提炼

7.6.2　关于撰写文案大纲的提问技巧

- 你是一名中文写作助理，你的任务是完善所提供文本的拼写、语法、简洁和整体可读性，同时要分解长句子、减少重复，请从以下文本开始：【文章内容】。
- 请准备一份【××银行】开业的演讲稿，时长 5 分钟，演讲稿内容：1. 三月是一个美好的季节，开头要充满诗意；2. 表达对分行工作的肯定和表扬；3. 承诺银行会更好地服务当地小微企业和周边居民；4. 期望支行在未来能有更出彩的业绩；5. 加入新时代、新征程、新金融三个词寄语未来。图 7-38 展示了 ChatGPT 的回复。

请准备一份未来银行开业的演讲稿，时长5分钟，演讲稿内容：1. 三月是一个美好的季节，开头要充满诗意；2. 表达对分行工作的肯定和表扬；3. 承诺银行会更好地服务当地中小微企业和周边居民；4. 期望支行在未来能有更出彩的业绩；5. 加入新时代、新征程、新金融三个词寄语未来。

尊敬的各位领导、尊贵的来宾、亲爱的同事们：

大家好！三月，春暖花开，万物复苏，正是一个美好的季节。在这充满诗意的时刻，我们欢聚一堂，共同见证未来银行分行的开业仪式。首先，我要对分行的成立表示衷心的祝贺，感谢各位领导和同事们的辛勤付出，感谢广大客户和社会各界的支持与信任。

在此，我要对分行的工作表示充分的肯定和表扬。自成立以来，分行始终坚持以客户为中心，以创新为动力，为广大客户提供优质、高效的金融服务。在新时代的征程中，我们将不忘初心，牢记使命，为当地的中小微企业和周边居民提供更好的服务。我们将以诚挚的态度、专业的能力，助力中小微企业发展壮大，为周边居民提供便捷、安全的金融服务，共同谱写新金融的辉煌篇章。

作为一家负责任的金融机构，未来银行一直致力于为广大客户提供优质、高效的金融服务。在新时代、新征程的大背景下，我们将不忘初心，牢记使命，为当地的中小微企业和周边居民提供更好的服务。我们将以诚挚的态度、专业的能力，助力中小微企业发展壮大，为周边居民提供便捷、安全的金融服务，共同谱写新金融的辉煌篇章。

展望未来，我们期待着未来银行分行在业绩上取得更加出彩的成绩。我们将以创新为动力，以客户为中心，不断提升服务质量，努力实现金融服务

继续 没有写完

的普惠化。同时，我们也将紧密团结在一起，凝聚智慧和力量，为实现分行的长远发展目标而努力奋斗。

在新时代、新征程的征途上，我们将紧跟时代步伐，积极拥抱新金融，不断创新金融产品和服务，以满足广大客户的多元化需求。我们将以更加开放的心态，拓展合作领域，与各界朋友携手共进，共创美好未来。

最后，让我们共同期待未来银行分行在新时代、新征程、新金融的大潮中，勇立潮头，乘风破浪，书写更加辉煌的篇章！

谢谢大家！

图 7-38　根据提示，ChatGPT 准备了一份演讲稿

- 你是一名【小红书/知乎/微博】博主，请你总结出这个平台的爆款笔记特征。图 7-39 展示了 ChatGPT 的回复。

你是一名 小红书博主，请你总结出这个平台的爆款笔记特征。

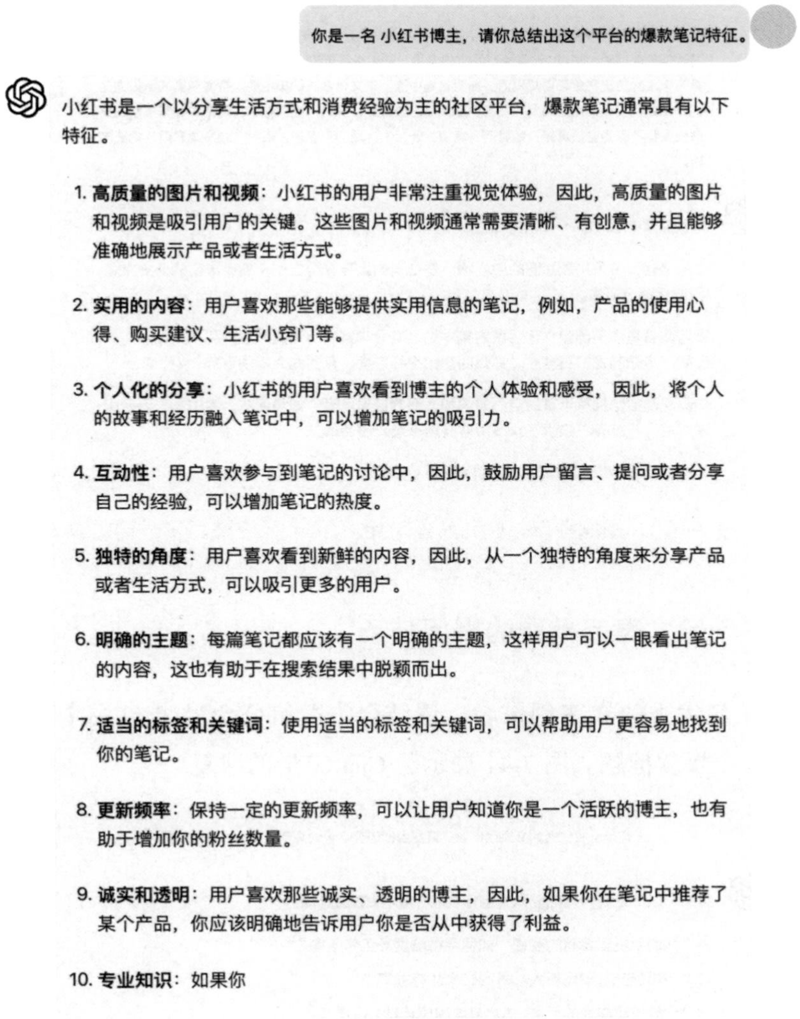

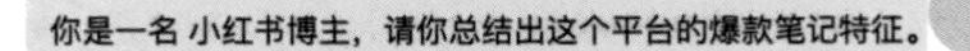

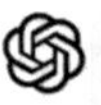

小红书是一个以分享生活方式和消费经验为主的社区平台，爆款笔记通常具有以下特征。

1. **高质量的图片和视频**：小红书的用户非常注重视觉体验，因此，高质量的图片和视频是吸引用户的关键。这些图片和视频通常需要清晰、有创意，并且能够准确地展示产品或者生活方式。

2. **实用的内容**：用户喜欢那些能够提供实用信息的笔记，例如，产品的使用心得、购买建议、生活小窍门等。

3. **个人化的分享**：小红书的用户喜欢看到博主的个人体验和感受，因此，将个人的故事和经历融入笔记中，可以增加笔记的吸引力。

4. **互动性**：用户喜欢参与到笔记的讨论中，因此，鼓励用户留言、提问或者分享自己的经验，可以增加笔记的热度。

5. **独特的角度**：用户喜欢看到新鲜的内容，因此，从一个独特的角度来分享产品或者生活方式，可以吸引更多的用户。

6. **明确的主题**：每篇笔记都应该有一个明确的主题，这样用户可以一眼看出笔记的内容，这也有助于在搜索结果中脱颖而出。

7. **适当的标签和关键词**：使用适当的标签和关键词，可以帮助用户更容易地找到你的笔记。

8. **更新频率**：保持一定的更新频率，可以让用户知道你是一个活跃的博主，也有助于增加你的粉丝数量。

9. **诚实和透明**：用户喜欢那些诚实、透明的博主，因此，如果你在笔记中推荐了某个产品，你应该明确地告诉用户你是否从中获得了利益。

10. **专业知识**：如果你

图 7-39　根据提示，ChatGPT 梳理了某平台的爆款笔记特征

- 请使用 Emoji 风格[1]编辑以下段落，该风格以引人入胜的标题、每个段落中包含表情符号和在末尾添加相关标签为特点。请保持原文的意思：【文章内容】。图 7-40 展示了 ChatGPT 的回复。

1　Emoji 风格指在文章中加入丰富的视觉情感符号，用于更好地传递情感、表达思想或增加内容的趣味性。

请使用Emoji风格编辑以下段落，该风格以引人入胜的标题、每个段落中包含表情符号和在末尾添加相关标签为特点，并请保持原文的意思。河南省位于中国中部，是中国的重要省份之一，具有丰富的历史文化和自然资源。河南省是中国历史文化名城的集中地，有着丰富的历史文化遗产和人文景观，如洛阳龙门石窟、郑州嵩山少林寺、开封大相国寺等。河南省拥有丰富的自然资源和美丽的自然风光，如黄河、嵩山、云台山、龙门石窟等，吸引了众多游客前来观光旅游。

探索中原大省——河南省

河南省，位于中国版图的中心，是中国的重要省份之一，拥有丰富的历史文化和自然资源。

河南省是中国历史文化名城的集中地，有着丰富的历史文化遗产和人文景观。比如，洛阳的龙门石窟，郑州的嵩山少林寺，开封的大相国寺等。

河南省也拥有丰富的自然资源和美丽的自然风光，如黄河、嵩山、云台山、龙门石窟等，吸引了众多游客前来观光旅游。

#河南 #中国 #历史 #文化 #自然 #旅游

图 7-40　根据提示，ChatGPT 用 Emoji 风格重写了一篇文章

7.6.3　关于给文案起标题的提问技巧

- 你是一名优秀的文案创作者，请结合【微信公众号/小红书】的写作风格，生成十个爆款标题。图 7-41 展示了 ChatGPT 的回复。

你是一名优秀的文案创作者，请结合微信公众号的写作风格，生成十个爆款标题。

当然，以下是我为微信公众号创作的10个可能的爆款标题：

1. “你的手机里藏着的秘密：如何用微信提升工作效率”
2. “不再迷茫：职场新人必备的10个生存技巧”
3. “你的健康在你的手中：5款最佳健康管理App推荐”
4. “让你的孩子赢在起跑线上：科学育儿的秘诀”
5. “你的钱包需要瘦身：理财小白的第一堂课”
6. “不再为早餐发愁：5分钟搞定营养早餐的秘诀”
7. “你的生活需要一点绿：室内植物养护全攻略”
8. “你的皮肤告诉你什么：面部皮肤问题的原因和解决方案”
9. “你的睡眠质量决定你的生活质量：改善睡眠的科学方法”
10. “你的时间更有价值：提升个人效率的10个实用技巧”

图 7-41　根据提示，ChatGPT 生成了十个爆款标题

- 你是一名资深的文案创作者，我准备写一个关于医美的文案，请你根据这个主题生成十个吸引用户的阅读标题。
- 这些标题我不满意，请生成十个更加精简、更欢快的标题。图 7-42 展示了 ChatGPT 的回复。

你是一名资深的文案创作者，我准备写一个医美的文案，请你根据这个主题生成十个吸引用户的阅读标题。

当然，以下是我为医美主题创作的10个吸引用户的阅读标题：

1. "医美新手必读：如何选择适合自己的医美项目"
2. "打破误解：医美并不等于整容"
3. "你的肌肤需要什么？医美护肤的科学之道"
4. "让你的美丽不打折：医美抗衰老的秘密"
5. "医美行业揭秘：你不知道的那些事"
6. "安全首位：如何避免医美过程中的风险"
7. "你的美丽，我们的承诺：专业医美团队为你保驾护航"
8. "医美，让你的自信从内而外"
9. "你的美丽，我们的使命：医美行业的专业与责任"
10. "医美，让你的美丽更持久：科学的抗衰老策略"

这些标题我不满意，请生成10个更加精简、更欢快的标题。

当然，我会尽力满足你的要求。以下是更精简、更欢快的医美主题标题：

1. "医美101：美丽新手驾到！"
2. "医美 ≠ 整容：真相大揭秘！"
3. "肌肤的呼唤：医美护肤秘籍！"
4. "抗衰老，医美带你飞！"
5. "医美行业：你不知道的那些事！"
6. "安全医美，美丽无忧！"
7. "专业医美，你的美丽保镖！"
8. "医美，点亮你的自信星光！"
9. "我们的使命，你的美丽！"
10. "医美，让美丽更持久！"

图 7-42　让 ChatGPT 生成吸引用户的标题并给出改进方案

7.6.4 关于编写视频脚本的提问技巧

- 你是一名短视频资深博主，现在我要生成短视频脚本，我需要提供哪些有用的信息，才能创作出吸引用户观看的脚本？
- 这是我提供的脚本信息：【** 主题】、【目标受众】、【视频时长】、【视频风格】，请根据以上信息创作一份视频脚本。
- 脚本中【**】需要修改，请将场景【**】修改得更加有趣、丰富。
- 请用表格的方式呈现出最终脚本的样式。图 7-43 展示了 ChatGPT 的回复。

这是我提供的脚本信息：视频主题是人工智能成为超级个体的助手，目标受众是20~30岁的年轻人，视频长度是10秒钟，关键信息是体现超级个体通过人工智能以一当十完成很多工作，视频风格是轻松幽默的，视频结构是开始时有一个吸引人的开场，然后是主要内容，最后是一个强有力的结尾。

非常好，根据你提供的信息，我为你创作了以下的10秒短视频脚本：

【开场】
（动画：一位年轻人在电脑前忙碌，突然分身成为十个）
旁白："有没有想过一秒钟变成超级个体？"

【主要内容】
（动画：十个分身分别做不同的工作，如编程、设计、写作等，同时屏幕上出现AI图标）
旁白："有了人工智能，你可以轻松做到！"

【结尾】
（动画：年轻人满意地看着完成的工作，然后合并回一个人）
旁白："人工智能，让你以一当十，轻松工作，快乐生活！"

脚本中【主要内容】需要修改，请将旁白增加一些内容，使得更加有趣丰富。

当然，我可以为你增加一些内容。以下是修改后的【主要内容】部分：

【主要内容】
（动画：十个分身分别做不同的工作，如编程、设计、写作等，同时屏幕上出现AI图标）
旁白："有了人工智能，你可以轻松做到！看，这不，小张正在编程，小李在设计，小王在写作，小刘在研究市场，小赵在处理邮件...哇，这是怎么做到的？这就是人工智能的魔力！"

这样的修改是否满足你的需求？

图 7-43 利用 ChatGPT 生成"视频脚本"

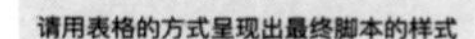

当然，以下是以表格形式呈现的最终脚本：

部分	动画	旁白
开场	一位年轻人在电脑前忙碌，突然分身成为十个	“有没有想过一秒变成超级个体？”
主要内容	十个分身分别做不同的工作，如编程、设计、写作等，同时屏幕上出现AI图标	“有了人工智能，你可以轻松做到！看，这不，小张正在编程，小李在设计，小王在写作，小刘在研究市场，小赵在处理邮件...哇，这是怎么做到的？这就是人工智能的魔力！”
结尾	年轻人满意地看着完成的工作，然后合并回一个人	“人工智能，让你以一当十，轻松工作，快乐生活！”

这样的表格形式是否满足你的需求？

图 7-43　利用 ChatGPT 生成“视频脚本”（续）

7.6.5　关于生成文案初稿的提问技巧

- 你是一名【小红书/微博】博主，请你以【雅诗兰黛晚霜】为主题生成一份“种草”笔记。图 7-44 展示了 ChatGPT 的回复。

你是一名小红书博主，请你以【雅诗兰黛晚霜】为主题生成一份“种草”笔记。

当然，以下是我为你生成的关于“雅诗兰黛晚霜”的“种草”笔记：

标题：【小红书种草笔记】雅诗兰黛小棕瓶晚霜，让你的肌肤焕发新生！

内容：

亲爱的小红书朋友们，今天我要给大家种草的是我最近的心头好——雅诗兰黛小棕瓶晚霜！

首先，它的包装就非常有质感，深棕色的瓶身，金色的盖子，每次打开都像是在进行一场小小的仪式。

打开瓶盖，你会闻到一股淡淡的花香，非常舒缓，让人心情愉悦。质地是我特别喜欢的那种轻盈乳霜状，涂在脸上非常好吸收，不会有油腻感。

使用后的效果更是让我惊艳。每天晚上洁面后，我会取适量的晚霜均匀涂抹在脸上，轻轻按摩直至完全吸收。第二天早上起来，你会发现肌肤变得更加紧致有弹性，肤色也变得更加均匀，仿佛焕发了新生。

我已经连续使用了一个月，明显感觉到肌肤的改善。尤其是对于我这种熬夜党来说，雅诗兰黛小棕瓶晚霜简直就是救星，让我每天都能以最佳状态迎接新的一天。

总的来说，雅诗兰黛小棕瓶晚霜是我近期最爱的护肤品之一，我强烈推荐给大家！如果你也在寻找一款能够改善肌肤状态的晚霜，那么它绝对值得你试试。

希望我的分享能帮到你们，如果有任何问题，欢迎在评论区留言哦！下次再见～

图 7-44　利用 ChatGPT 生成“宣传文案”

- 你是一名人工智能大模型领域的专家，请根据【小红书/知乎平台】的行文风格生成一份文案，向你的粉丝分享 ChatGPT 的使用技巧。图 7-45 展示了 ChatGPT 的回复。

你是一名人工智能大模型领域的专家，请根据知乎平台的行文风格生成一份文案，向你的粉丝分享ChatGPT的使用技巧

标题：【知乎专栏】如何更好地使用ChatGPT？这些小技巧你知道吗?

内容：

大家好，我是人工智能领域的研究者，今天我想和大家分享一些关于如何更好地使用ChatGPT的小技巧。

1. **明确你的问题**：ChatGPT是一个强大的语言模型，它可以理解并回答各种问题。但是，如果你的问题更具体，它的答案也会更准确。例如，不要只问"天气如何？"而应该问"今天纽约的天气如何？"
2. **使用完整的句子**：尽管ChatGPT可以理解简短的短语和命令，但使用完整的句子可以帮助它更好地理解你的意图。
3. **尝试不同的表述**：如果你对ChatGPT的回答不满意，试着用不同的方式重新表述你的问题或请求。这可能会帮助它更好地理解你的需求。
4. **利用上下文**：ChatGPT可以理解并记住对话的上下文。所以，你可以在对话中引用之前的信息，它会理解并在回答中考虑到这些信息。
5. **设置系统行为**：你可以通过设置系统行为来调整ChatGPT的回答风格。例如，你可以设置它更注重创新性，或者更注重保守性。
6. **使用温度设置**：通过调整"温度"设置，你可以影响ChatGPT生成的回答的随机性。较高的温度会使回答更随机，而较低的温度会使回答更确定。

以上就是我想分享的关于如何更好地使用ChatGPT的小技巧。希望这些技巧能帮助你更好地利用这个强大的工具。如果你有任何问题或想法，欢迎在评论区留言，我们一起探讨。

图 7-45 利用 ChatGPT 生成文案

7.6.6 关于市场调研的提问技巧

- 你是一名资深的市场调研专家，请你设计一个针对【** 产品】的客户满意度调查问卷。图 7-46 展示了 ChatGPT 的回复。

你是一名资深的市场调研专家，请你设计一个针对酸奶的客户满意度调查问卷

当然，以下是我为你设计的针对酸奶的客户满意度调查问卷：

1. 您的年龄范围是?
   - 18岁以下
   - 18~24岁
   - 25~34岁
   - 35~44岁
   - 45岁以上
2. 您的性别是?
   - 男
   - 女
   - 其他
   - 选择不回答
3. 您多久消费一次酸奶?
   - 每天
   - 每周
   - 每月
   - 很少或从不
4. 您通常购买哪个品牌的酸奶?
   - 品牌A
   - 品牌B
   - 品牌C
   - 其他（请说明）
5. 您对您常购买的酸奶品牌的满意度如何?
   - 非常满意

图 7-46　利用 ChatGPT 生成“客户满意度调查问卷”

- 满意
- 一般
- 不满意
- 非常不满意

6. 您对您常购买的酸奶品牌的哪些方面最满意?

- 味道
- 包装设计
- 价格
- 营养成分
- 其他（请说明）

7. 您认为您常购买的酸奶品牌需要改进的地方有哪些?

- 味道
- 包装设计
- 价格
- 营养成分
- 其他（请说明）

8. 如果有其他品牌的酸奶产品，您会考虑尝试吗?

- 会
- 不会
- 不确定

9. 您对酸奶的哪些因素最看重?

- 味道
- 包装设计
- 价格
- 营养成分
- 其他（请说明）

10. 您有什么建议或者想法，可以帮助我们改进我们的酸奶产品?

以上就是我设计的针对酸奶的客户满意度调查问卷，希望能帮助到你。

图 7-46　利用 ChatGPT 生成“客户满意度调查问卷”（续）

- 你是一名资深的行业分析专家，请你分析一下【 ** 产品 / 服务 】的行业趋势和特征，并提供一份报告。图 7-47 展示了 ChatGPT 的回复。

你是一名资深的行业分析专家，请你分析一下新能源汽车行业趋势和特征，并提供一份报告

当然，以下是我为你准备的关于新能源汽车行业的趋势和特征分析报告：

标题：新能源汽车行业的趋势与特征分析

一、行业趋势：

1. **政策推动**：全球范围内，政府对新能源汽车的政策支持力度持续加大。例如，中国、欧洲和美国等地都出台了一系列的补贴政策和购车优惠，以推动新能源汽车的发展。

2. **技术进步**：电池技术的进步使得新能源汽车的续航里程得到显著提升，同时充电设施的普及也在逐步解决充电难的问题。此外，自动驾驶、车联网等技术的发展也为新能源汽车带来了更多可能性。

3. **市场需求增长**：随着消费者环保意识的提高和购车需求的变化，新能源汽车的市场需求正在快速增长。预计未来几年，新能源汽车的销量将持续保持高速增长。

二、行业特征：

1. **行业竞争激烈**：新能源汽车行业的参与者众多，包括传统汽车制造商、新兴电动汽车公司以及科技公司等，行业竞争非常激烈。

2. **产品差异化**：新能源汽车的产品类型多样，包括纯电动汽车、插电式混合动力汽车和燃料电池汽车等，各类产品都有其独特的优点和市场定位。

3. **供应链复杂**：新能源汽车的生产涉及电池、电机、电控等多个关键部件，供应链相对复杂。同时，原材料的供应也对新能源汽车的生产产生重要影响。

4. **技术创新快速**：新能源汽车行业的技术创新速度非常快，包括电池技术、驱动技术、充电技术以及自动驾驶等方面都在不断取得突破。

总结，新能源汽车行业正在经历快速的发展和变革，行业的未来充满了机遇和挑战。对于企业来说，需要紧密关注行业趋势，把握技术发展，优化产品结构，以应对日益激烈的市场竞争。

图 7-47　利用 ChatGPT 生成“行业趋势与特征分析报告”

- 你是一名资深的行业分析师，请你梳理一下【 ** 产品 / 服务 】的主要竞品，并为我们撰写一份关于它们的深度分析报告。图 7-48 展示了 ChatGPT 的回复。

你是一名资深的行业分析师，请你梳理一下可口可乐的主要竞品，并为我们撰写一份关于它们的深度分析报告。

当然，以下是我为你准备的关于可口可乐主要竞品的深度分析报告：

标题：可口可乐主要竞品深度分析

一、主要竞品概述：

1. **百事公司**：百事公司是可口可乐的主要竞争对手之一，其旗下的百事可乐与可口可乐在全球范围内展开了激烈的市场竞争。百事公司除了碳酸饮料外，还拥有一系列的非碳酸饮料品牌，如Tropicana果汁和Gatorade运动饮料。
2. **雀巢公司**：雀巢公司是全球最大的食品和饮料公司之一，其在咖啡、瓶装水、奶制品等多个领域都与可口可乐形成了竞争关系。
3. **麦当劳**：虽然麦当劳主要是一家快餐公司，但其在全球范围内的大量门店也使其成为了可口可乐的重要竞争对手。麦当劳的饮料销售对可口可乐构成了直接的竞争。

二、深度分析：

1. **百事公司**：百事公司的产品线广泛，除了碳酸饮料外，还涵盖了果汁、茶饮、运动饮料等多个领域。百事公司在全球范围内拥有强大的分销网络，其品牌影响力也非常大。然而，百事公司在一些市场上的表现并不如可口可乐，例如在中国市场，可口可乐的市场份额明显高于百事可乐。
2. **雀巢公司**：雀巢公司的优势在于其产品线的多样性和全球化的运营策略。雀巢公司在咖啡、瓶装水、奶制品等领域都有强大的品牌和产品。然而，雀巢公司在碳酸饮料领域的影响力较小，这也是其与可口可乐竞争的一个弱点。
3. **麦当劳**：麦当劳的优势在于其全球范围内的大量门店和强大的品牌影响力。麦当劳的饮料销售对可口可乐构成了直接的竞争。然而，麦当劳的主要业务仍然是快餐，其在饮料领域的专注度和投入可能无法与专业的饮料公司相比。

总结，可口可乐的主要竞品都有各自的优势和弱点。可口可乐需要根据这些竞品的特点来调整自己的策略，以保持在全球饮料市场的领先地位。

图 7-48　利用 ChatGPT 生成“行业深度分析报告”

- 你是一名资深的市场战略分析师，请你为我们的新【产品 / 服务】制定一份详细的市场进入策略，帮我们进入新的市场领域。图 7-49 展示了 ChatGPT 的回复。
- 你是一名资深的策划师，请你针对我们的新【产品 / 服务】制定一个全面的产品推广策略，包括短视频、报纸和公关活动。图 7-50 展示了 ChatGPT 的回复。

你是一名资深的市场战略分析师，请你为我们的新婴幼儿配方奶粉制定一份详细的市场进入策略，帮我我们进入新的市场领域

当然，以下是我为你准备的关于新婴幼儿配方奶粉市场进入策略：

标题：婴幼儿配方奶粉市场进入策略

一、市场研究：

首先，我们需要对目标市场进行深入的研究，包括市场规模、增长率、消费者需求、竞争对手等方面。我们需要了解消费者对婴幼儿配方奶粉的需求和期望，以便我们的产品能够满足他们的需求。

二、产品定位：

我们的婴幼儿配方奶粉应该有明确的产品定位。我们可以考虑定位为高品质、营养均衡的产品，以满足消费者对婴幼儿健康成长的需求。我们的产品应该有独特的卖点，例如添加特殊的营养成分，或者采用特殊的生产工艺。

三、品牌建设：

我们需要建立一个强大的品牌，以赢得消费者的信任和忠诚。我们可以通过广告、公关活动、社交媒体营销等方式来提升品牌知名度。我们还需要建立良好的品牌形象，强调我们的产品是安全、健康、可信赖的。

四、销售渠道：

我们需要建立广泛的销售渠道，包括超市、药店、母婴店以及在线商店等。我们可以考虑与大型零售商进行合作，或者建立自己的在线商店。我们还需要考虑如何利用电子商务和移动商务来扩大销售。

五、价格策略：

我们的价格策略应该与我们的产品定位和品牌形象相一致。如果我们的产品定位为高品质的产品，那么我们可以设置较。

没说完，请继续

当然，我会继续的。

五、价格策略（续）：

如果我们的产品定位为高品质的产品，那么我们可以设置较高的价格，以反映我们的产品质量和价值。然而，我们也需要考虑到消费者的接受程度和竞争对手的价格策略。

六、合作伙伴：

寻找合作伙伴也是一种有效的市场进入策略。我们可以考虑与当地的医疗机构、育儿网站、母婴店等进行合作，通过他们来推广我们的产品。

七、法规遵守：

在进入新市场时，我们必须确保我们的产品和营销活动符合当地的法律和规定。我们需要了解和遵守有关婴幼儿配方奶粉的生产、标签、广告等方面的规定。

八、持续创新：

为了在竞争激烈的市场中保持竞争力，我们需要持续创新，不断改进我们的产品和服务。我们可以通过市场研究来了解消费者的需求变化，然后根据这些需求来更新我们的产品。

总结，进入新的婴幼儿配方奶粉市场需要全面的策略，包括市场研究、产品定位、品牌建设、销售渠道、价格策略、合作伙伴、法规遵守和持续创新等方面。我们需要根据市场的具体情况来调整和优化我们的策略，以实现成功的市场进入。

图 7-49　利用 ChatGPT 生成“市场策略报告”

你是一名资深的策划师，请你针对我们的新扫地机器人制定一个全面的产品推广策略，包括短视频、报纸和公关活动

当然，以下是我为你准备的关于新扫地机器人的全面产品推广策略：

标题：扫地机器人全面产品推广策略

一、短视频：

1. **产品演示**：制作一系列的产品演示短视频，展示扫地机器人的各项功能和使用场景。例如，可以展示机器人如何在各种地面上清扫，如何避开障碍物，如何自动回充等。

2. **用户体验**：邀请一些知名的科技博主或者影响力人士，使用我们的扫地机器人，并录制他们的使用体验。他们的真实反馈和推荐可以提高我们产品的信任度。

3. **创意故事**：制作一些创意的短视频，通过故事的形式来吸引观众的注意力。例如，可以制作一些关于机器人"生活"的有趣故事，增加产品的趣味性。

二、报纸：

1. **产品广告**：在主流报纸上发布产品广告，介绍我们的扫地机器人的主要功能和优点。我们可以选择在科技、家居或者生活类的专栏发布广告，以吸引目标消费者。

2. **新闻发布**：发布一些关于我们扫地机器人的新闻，例如产品发布会、技术创新、合作伙伴等。这可以提高我们的品牌知名度和产品曝光度。

三、公关活动：

1. **产品发布会**：举办一场大型的产品发布会，邀请媒体、合作伙伴和消费者参加。在发布会上，我们可以详细介绍我们的扫地机器人，展示其独特的功能和优点。

2. **体验活动**：在商场或者公共场所举办一些体验活动，让消费者可以亲自试用我们的扫地机器人。我们可以设置一些有趣的挑战，例如让机器人在复杂的环境中清扫，以展示其强大的功能。

3. **合作活动**：与一些相关的品牌或者公司进行合作，例如家居品牌、电器店等。我们可以共同举办一些活动，或者在他们的店铺提供我们的扫地机器人试用。

总结，我们的推广策略应该包括短视频、报纸和公关活动等多个方面，以全面提高我们的扫地机器人的知名度和销售。我们需要根据市场反馈来调整和优化我们的推广策略，以实现最佳的推广效果。

图 7-50　利用 ChatGPT 生成"产品推广策划"

7.6.7　关于生成 AIGC 绘画的提问技巧

- 你是我的 Midjourney 绘画关键词助手，我给你提供文字描述，请你帮我生成 Midjourney 关键词。

● 用英文描述：一个黑发的明朝少年，骑着马在草原奔驰，卡通风格、迪士尼风格、特写镜头、背景模糊。图 7-51 展示了 ChatGPT 的回复。

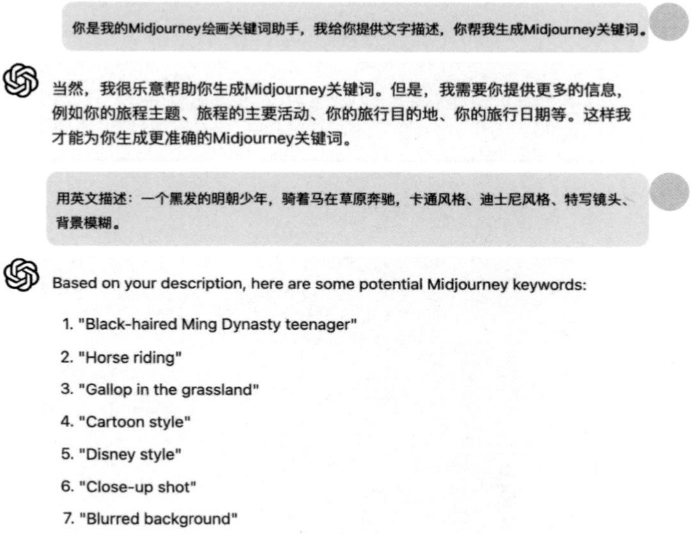

你是我的Midjourney绘画关键词助手，我给你提供文字描述，你帮我生成Midjourney关键词。

当然，我很乐意帮助你生成Midjourney关键词。但是，我需要你提供更多的信息，例如你的旅程主题、旅程的主要活动、你的旅行目的地、你的旅行日期等。这样我才能为你生成更准确的Midjourney关键词。

用英文描述：一个黑发的明朝少年，骑着马在草原奔驰，卡通风格、迪士尼风格、特写镜头、背景模糊。

Based on your description, here are some potential Midjourney keywords:

1. "Black-haired Ming Dynasty teenager"
2. "Horse riding"
3. "Gallop in the grassland"
4. "Cartoon style"
5. "Disney style"
6. "Close-up shot"
7. "Blurred background"

图 7-51　利用 ChatGPT 生成 Midjourney 绘画提示词

最后，想跟大家分享的是，提示词不是“魔法”，也不是“咒语”，它更像是我们认知水平的一面镜子。拥有更好的品位、更深刻的逻辑、共情能力和系统思考能力，才是更好地撬动人工智能的技术杠杆力。

CHAPTER 8

第8章

文生图的“魔法”

茜茜《草莓》

AIGC《草莓》

假如你雇用了一位优秀的画师，他学贯中西，既能画出莫奈风格的风景画，又能绘制冷军作品那样惟妙惟肖的超现实人物写真，还对国画静物小品信手拈来，你会给他开多少工资？想必这样的绘画技术配得上几万元的月薪。如果这位画师可以 7×24 小时随叫随到，不间断作画呢？在现实生活中这似乎不可想象，而在大模型时代，每个善于使用大模型工具的人都可以拥有自己的 AI 画师，按照自己的指令随时作画。本章将介绍 AI 绘画中常见的文生图（通过文本描述生成图片）功能，包括文生图的配置，以及如何系统化地获取文生图提示词。

8.1　AI 绘图概述

在 AI 应用如火如荼的今天，AI 绘画是其中的热门方向。AI 画师的优点是显而易见的，7×24 小时随时在线，避免了高昂的人工成本，以工业化的批量生产模式代替精耕细作的手工劳动，可以高效产出大量的图片。AI 画师无法像人类一样理解和感知图像元素，因此 AI 画师也可以突破人类思维的限制和想象的边界进行元素组合，在创意元素的生成方面具有一定优势，比如 AI 可以画出超乎想象又美丽动人的服装和配饰，或者绘制出脑洞大开的创意海报。

当然，相对于画家和设计师，AI 绘画作品也有一定的局限性。因为 AI 无法像人类一样理解和感知图片，AI 绘画的可控性偏弱，无法保证画作完全符合要求，通常需要额外的质量把关。同时，AI 绘画容易出现局部失真的情况，例如 AI 人像绘制中，容易在绘制手指时出现手指数量过多、手指的形状怪异、比例失调等问题。

了解了 AI 工具的优势和局限，我们就从使用角度探索如何合理地运用 AI 绘图工具提升效率。上一章介绍了 ChatGPT。同样是 AI 工具，ChatGPT 和 AI 绘图工具的使用方式有什么区别呢？ ChatGPT 的使用就像问答题，我们出题，ChatGPT 来作答。而 AI 绘图就像让 AI 来写半命题作文。在 AI 绘图中，一半的答案掌握在我们手里，另一半由 AI 工具来想象和描绘。此处需要介绍提示词的概念，提示词是用户在 AI 绘图平台中输入的一段描述画面内容的文字，是用户和 AI 绘图工具最常见的交互方式。在 AI 绘图常用的文生图功能中，我们提供一段提示词，比如绘制一个人在沙滩上奔跑（portray a person running on the beach）。文本输入已经帮 AI 工具锁定部分“答案”，我们已经告知 AI 画一个人还是两个人，背景是森林还是海滩。即便如此，AI 工具还能提供大量预期之外的元素，例如画面中的人是男是女，画面的风格是抽象还是写实，人物的服装是白色还是黑色。对于这些我们没有明确描述的文本，AI 绘画可以充分地自由发挥。除了提示词外，在许多 AI 绘图工具中，我们还可以通过输入图片、配置参数等方式将我们想要的信息传递给 AI 画师。

AI 绘画的常见平台包括 Stable Diffusion、Midjourney 等。这些平台在使用方式、功能、可拓展性、成本等方面存在差异。例如 Stable Diffusion 是开源工具，用户无须付费即可使用。因此，Stable Diffusion 的可拓展性更佳，可以配合网上的开源模型使用。而 Midjourney 尚未开源，除初始体验外，需要支付费用才能画图，属于“有偿绘图”。在使用体验上，Midjourney 的界面（见图 8-1）更加简单清晰，对新手更友好，采用类似于 ChatGPT 的对话模式，使用时像聊天一样输入提示词，即可获得 AI 工具绘制的精美图片。如果需要调整绘图的参数配置，也可用可视化的方式选择（见图 8-2），效果一目了然。

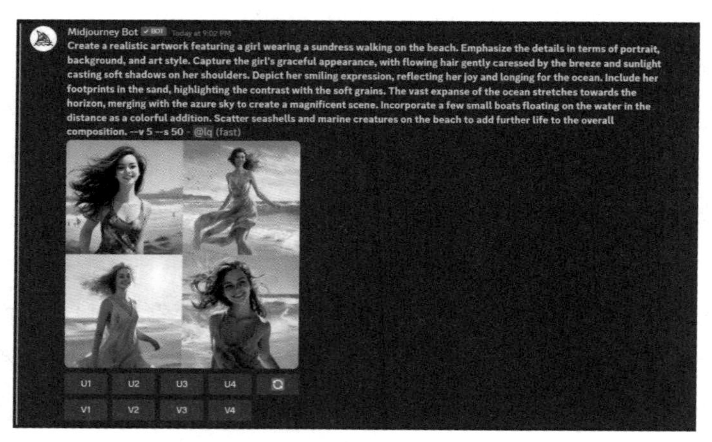

图 8-1　Midjourney 的界面

相对于 Midjourney 的简洁界面，Stable Diffusion 的文生图界面（见图 8-3）更像是专业工程师的“后花园”，新手看到满屏的单词完全是云里雾里的状态。

图 8-2　Midjourney 的精细化条件选择

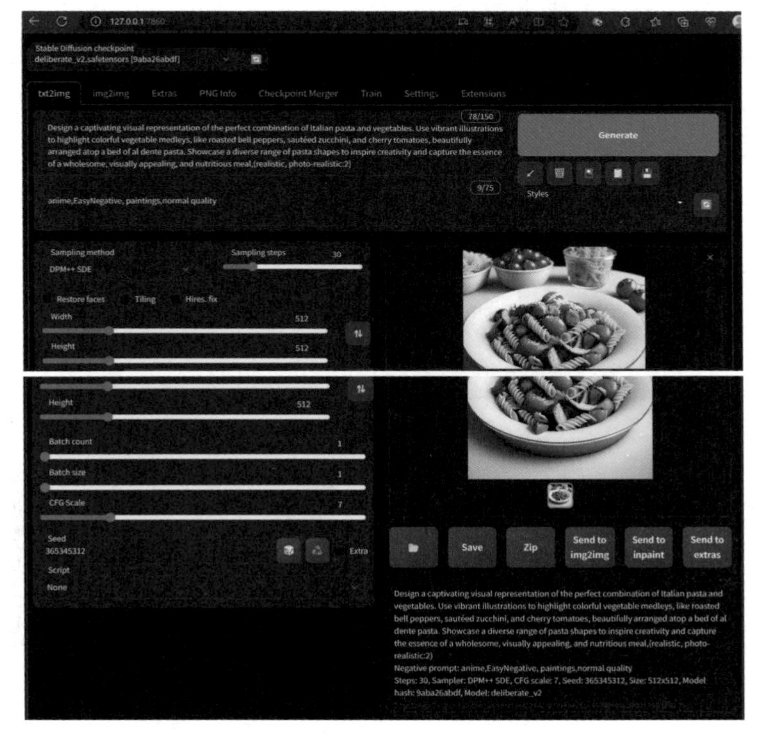

图 8-3　Stable Diffusion 的文生图界面

综上，在常用的 AI 绘图工具中，Midjourney 界面更加简洁，对新手更加友好，但是个性化调试的空间有限。Stable Diffusion 的使用门槛稍高，但是上手后能变出更多花样。文生图，即通过输入一段文字生成 AI 图片，是 AI 绘画中最常见的应用方式。下一节以 Stable Diffusion 的文生图功能为例，介绍常用的文生图参数配置。

8.2 文生图常用配置

Stable Diffusion 是时下热门的 AI 绘图工具，它开源的特点、丰富的功能、多样的配置都对使用者有很强的吸引力。但也正因为可供调整的选项更多，新手看到 Stable Diffusion 的界面会觉得云里雾里，不知从何下手。下面介绍 Stable Diffusion 文生图界面（txt2img）中常用的参数配置，帮助新手快速入门。在其他的 AI 绘图工具中，往往也会有类似维度的参数配置。本节以 Stable Diffusion 文生图常用配置为例进行说明，读者还可以把学到的方法应用到其他绘图工具中。图 8-4 展示了 Stable Diffusion 的文生图界面中常用的配置。我们从画面尺寸、画面风格、画面内容、图片数量这几个维度来介绍这些常用配置。

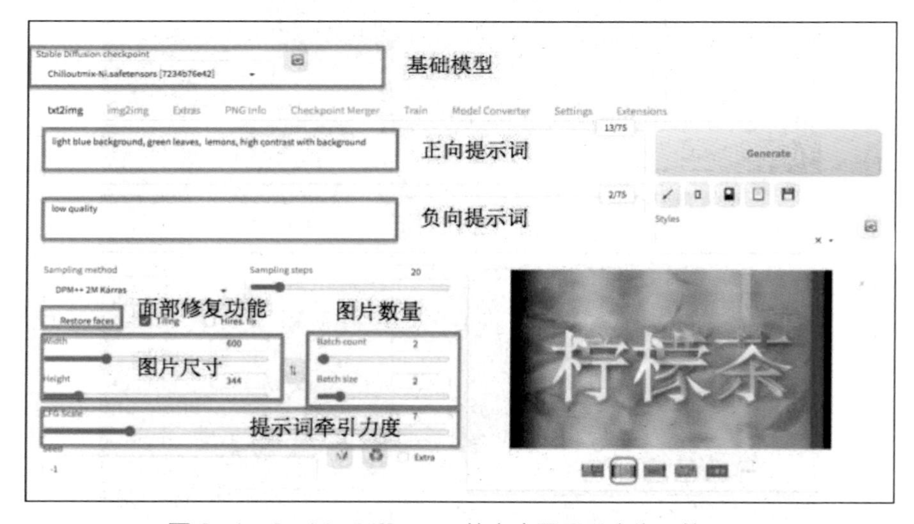

图 8-4 Stable Diffusion 的文生图界面中常用的配置

画面尺寸由画面的宽度和高度的像素值决定，分别对应界面中的 Width（宽度）和 Height（高度）。在配置时既可以手动输入数字，也可以拖动蓝色的滑块选择。相对来说，大尺寸的图片会包含更多的元素与信息量，也需要更长的时间生成。一般宽度和高度会选择 512 像素或更高值。同时，不同的画面尺寸也会影响输出的内容。对于同样的提示词，调整画面尺寸不仅影响输出图片的大小，还会影响画面中的元素选择。以人物照片为例，当绘制人物站姿图像时，因为人物站立时的高度远大于宽度，建议将画面高度设置为宽度的 1.5 倍以上，以获得更佳的绘制效果。当绘制人物脸部特写时，可以将宽度和高度设置得更加接近。

画面风格由基础模型、提示词等综合决定。基础模型由位于界面左上方的 Stable Diffusion Checkpoint 指定，不同的基础模型有写实风、二次元风等风格，可以在其他配置不变的情况下，切换不同的基础模型来体验效果。在提示词方面，用户可以在提示词中加入与画风相关的词汇，比如想要写实风格的图片，可以在正向提示词中加入 realistic，在负向提示词中加入 anime、cartoon，即代表希望得到写实风图片，不希望出现动画卡通风格的图片。

画面内容主要由提示词控制，提示词通常用英文书写，不同的词语间用英文逗号分隔。提示词包括正向提示词（即想要的内容）和负向提示词（即不想要的内容）两个方面。正向提示词在界面中位于上方，负向提示词在界面中位于正向提示词的下方。正向提示词和负向提示词应该是语义相反的内容，比如想要清晰的图片，在正向提示词中可以加入 best quality、4k 等代表高质量图片的词汇，在负向提示词中可以加入 blurry、low quality 等词汇。以简单的人像绘制任务为例，正向提示词为“masterpiece, best quality, 4k, wallpaper, 1 girl wearing a loose white dress, standing, looking at viewer, mild light, forest background, full body portrait”；负向提示词为“blurry, cartoon, anime, NSFW”。

除了提示词的内容之外，我们也控制提示词的强度，也就是使 AI 画师有多“听话”。我们可以使用选项 CFG Scale 指定，文本提示的强度越大，代表生成图片时对提示词的依赖越强，AI 模型越“听话”；强度越低则代表生成图片时不过于依赖提示词，让模型有更大的自由发挥空间。在初次使用时，可以把 CFG Scale 调到 7。

当画面主体内容为人像时，有些需要额外注意的设置。在绘制人像时，为了避免出现不符合人体形态的图片，经常会在负向提示词中加入“extra arms, extra legs, missing fingers, extra fingers”等词汇以进行控制。同时，当绘制人像时，为了保证关于人像面部的绘制质量高，通常会勾选 Restore faces 选项。

图片数量可以通过图片生成的批数和每批数量两个维度来控制，最终生成的图片数量等于批数乘以每批数量。批数对应界面中的 Batch Count，每批生产的图片数对应界面中的 Batch Size，两个数值均可以通过输入数值或拖曳滑块来修改。

上述技巧可以直接应用在 Stable Diffusion 平台。在使用其他 AI 绘画工具时，读者仍然可以参考前文的介绍从画面尺寸、风格、内容等方面指导 AI 工具作画。

第 7 章提到对 ChatGPT 的提问需要总结技巧，提示词作为使用者和 AI 画师之间的沟通工具，也需要一定的编写“魔法”。编写提示词和我们日常的表达有一定差别。首先，考虑到很多 AI 绘图工具由国际团队开发，提示词最好为英文。其次，AI 的理解能力和人对比仍有差异，如果希望 AI 画师充分理解我们的想法，就需要解构画面，把画面中的各个元素细细拆分，再把细致的描绘词进行组合，才能给出更有指导性的描述文本。在编写提示词时，除想到什么写什么之外，还有两种更加系统化的方法。第一种方法是直接借助工具（比如 ChatGPT）编写提示词，相当于把提示词生成工作“外包”给 AI 助手。第二种方法是通过建立“提示词积木包”，先对提示词元素进行解构，构建自己的提示词库；再把不同的元素进行组合，像“拼积木”一样完成个性化的提示词编写，比如将“人物的服装 + 神态 + 背景”相关的词汇组合成一段提示词。8.3 节和 8.4 节将分别介绍这两种方法。

8.3 ChatGPT 和 AI 绘图：1+1 > 2

还记得我们在上一章中指挥 ChatGPT 的经验吗？ ChatGPT 作为我们的私人助理，是否可以承担起写提示词的任务呢？结合上一章中学到的 ChatGPT 提问技巧，可以把书写提示词的任务包装为向 ChatGPT 提问的问题。

首先，用简单的语言描述将要绘制的画面，比如“穿着连衣裙的女孩走在沙滩上”。这个描述能让我们的脑海里浮现出模糊的形象，但还有很多细节（比如女孩的神态、发型，以及画面中除了沙滩是否还有天空和海面）的留白。这时，唤醒我们的私人助理，让它尽情填充人像、背景、画风方面的细节。在基本要素的基础上，生成可以直接使用的提示词。

在编写问题时，先介绍身份和背景，再把填充细节和生成提示词分为两个任务分别交给 ChatGPT，避免它出现任务的混淆。同时，表明我们需要直接可以使用的英文提示词，避免输出过程性结果。在实现中，ChatGPT 先用中文进行大刀阔斧的文本拓展，写出一段优美的描述，然后在此基础上生成英文提示词，如图 8-5 所示。

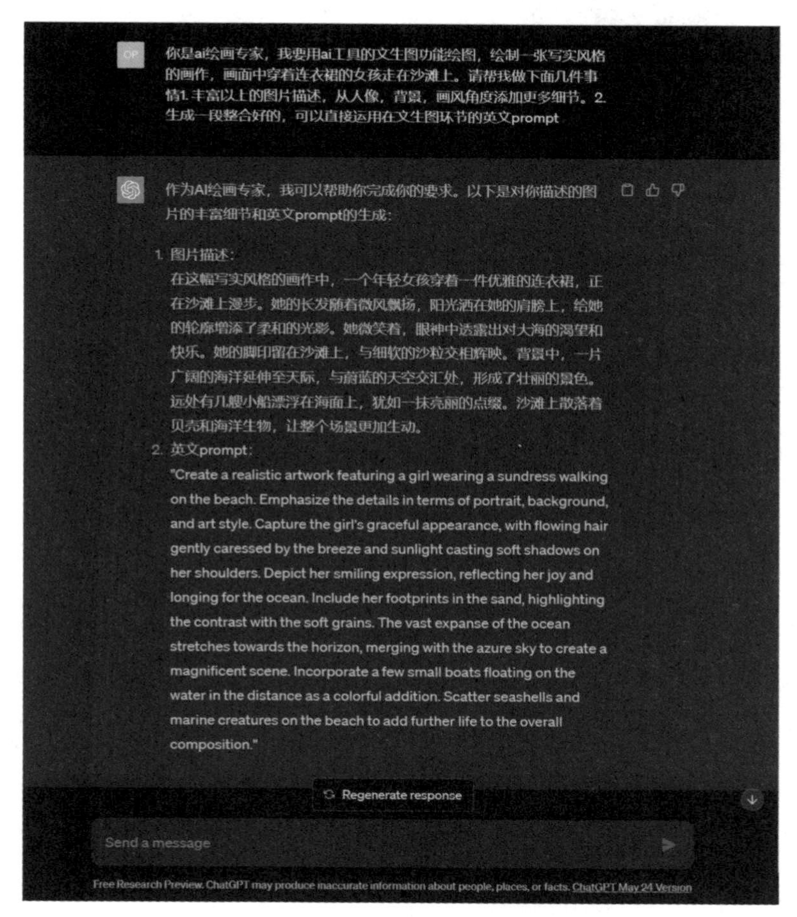

图 8-5　ChatGPT 基于用户需求生成的提示词

接着，小试牛刀的时候到了。把 ChatGPT 生成的提示词放入 AI 绘图工具，接下来就是见证奇迹的时刻。你可以看到，AI 绘制的图片（见图 8-6）不仅保留了我们初始要求的“女孩”“沙滩”“连衣裙”，还加入了 ChatGPT 补充的秀发飞扬、笑容洋溢、海天相接等元素，显得动感十足。

图 8-6　AI 绘制的多张图片

同时，可以发现 AI 绘图生成的多张图片在人物、景别、背景等方面有明显的差异。这也体现了 AI 绘画的随机性，即使通过提示词确定了画面的主题元素，最终的呈现仍然有“开盲盒”的惊喜感，就像我们选好了目的地，把车的方向盘交到 AI 画师手里，说“你来开车吧”。

8.4　构建“提示词积木包”

在上一节中，ChatGPT 为我们生成了一段细节丰富的提示词。如果把完整的提示词看作一座拼好的乐高城堡，我们对乐高城堡的元素进行拆解就能还原不同的积木组件，比如场景组件、人物组件、背景组件、艺术风格组件等。当我们有一包积木组件时，自然可以随意组合拼装。按照同样的思路，你可以构建自己的提示词组件包，再将里面的词组合成需要的提示词段落。同时，拼不同的玩具需要不同的积木组件包，比如拼城堡和拼人像就需要不同的组件包。类比来说，可以按照不同的绘图目标将提示词分为针对通用画图目标的通用工具包和专门针对人像绘图的人像工具包。本节将先介绍通用绘图“积木包”，再介绍人像绘图“积木包”。

8.4.1　通用绘图“积木包”

对于通用绘图而言，构建积木素材包的思路是先确定积木的大类，然后找出每个大类中常见的积木。首先，把常见的画面元素拆解为画面内容、画面风格（偏重于绘画作品）、影像风格（偏重摄影作品）三大类。对于每一类，借助 ChatGPT 得到常用的提示词，也就是积木块。

将每个画面元素大类告知 ChatGPT，并明确指出常用的维度，比如场景、人物、行为、艺术家风格等，让 ChatGPT 利用海量的数据基础，给出每个维度常见的提示词。同时，让 ChatGPT 对输出结果进行整理，以清晰的表格形式呈现。对于这样一个问题，人工作答往往需要不少时间，让我们看看 ChatGPT 的表现如何。

如图 8-7 所示，ChatGPT 圆满地完成任务，不仅覆盖了问题中的不同种类和维度，还按照需求格式进行了整理。不过对 ChatGPT 的回答，我们仍需要人工校验，取其精华，去其糟粕。检验后发现，美中不足的是 ChatGPT 在回答中对一些词汇的理解有误，或者给出低频词汇。比如，ChatGPT 对“景别”理解错误，景别应该与画面范围（而非景观）相关。常见的景别包括人像的 face shot（面部特写）、full body portrait（全身像）、half body portrait（半身像），而非回答中的 Majestic mountain range、Tranquil seaside。

你是文生图专家，我是文生图新手。我需要写文生图prompt，请对以下3个类别分别给出建议

类别1. 画面内容，维度包括场景、人物、行为

类别2. 画面风格，维度包括艺术种类、艺术家风格、色彩特点

类别3. 影像风格，维度包括景别、焦距、视角、光线

对于每个类别的每个维度，举5个常用例子，用英文输出。将结果整理为表格，包括类别、维度、举例3列、内容为英文。

下面是按照你要求整理的表格，包括三个类别、各个维度和相应的例子：

类别	维度	举例
画面内容	场景	Serene beach at sunset
		Enchanted forest
		Bustling city street
		Peaceful countryside
		Mystical underwater world
	人物	Graceful ballet dancer
		Courageous mountain climber
		Curious child exploring
		Wise old storyteller
		Mysterious masked figure
	行为	Joyful celebration
		Intense sports competition
		Peaceful meditation
		Playful animal interaction
		Dramatic rescue mission
画面风格	艺术种类	Realism
		Impressionism
		Surrealism
		Cubism
		Pop art
	艺术家风格	Monet's dreamy landscapes
		Van Gogh's expressive brushstrokes
		Picasso's abstract forms
		Dali's surreal compositions
		Warhol's vibrant pop art
	色彩特点	Vibrant and bold
		Soft and pastel
		High contrast and dramatic
		Monochromatic and moody
		Warm and earthy tones

图 8-7　ChatGPT 给出的常见提示词

影像风格	景别	Majestic mountain range
		Tranquil seaside
		Bustling cityscape
		Serene countryside
		Urban skyline at night
	焦距	Wide-angle
		Telephoto
		Macro
		Fish-eye
		Zoom
	视角	Bird's-eye view
		Worm's-eye view
		Eye-level perspective
		Over-the-shoulder angle
		Point-of-view shot
	光线	Soft and diffused
		Harsh and dramatic
		Backlit and silhouetted
		Golden hour
		Low-key lighting

图 8-7　ChatGPT 给出的常见提示词（续）

尽管 ChatGPT 的回答并非全对，但是提供了很多有用的提示词素材。下面，我们检验一下 ChatGPT 提供的提示词积木是否实际可用。我们先通过组合 ChatGPT 提供的不同维度的描述性短语得到几组提示词，再把每组提示词分别输入 AI 绘图平台，看看 AI 绘图效果。为了便于读者理解，给每组提示词配上中文的翻译，AI 工具绘制的图片如表 8-1 所示。

表 8-1　AI 工具按照不同提示词绘制图片

提示词	提示词的中文含义	AI 画作
Enchanted forest, Curious child exploring, Joyful celebration, Monet's dreamy landscapes	迷人的森林，探索的孩童，欢乐的庆祝，莫奈的梦幻风景	

续表

提示词	提示词的中文含义	AI 画作
Serene beach at sunset, Realism, Vibrant and bold, bird's eye view	日落时分静谧的沙滩，现实主义，鲜活的色彩，鸟瞰视角	
Bustling city street, Pop art, High contrast and dramatic, fish eye	繁忙的都市街头，波普艺术，高对比度的戏剧效果，鱼眼镜头	

可以看到，对 ChatGPT 输入的提示词短语进行组合后，AI 绘图工具画出了符合要求的图片，并且对不同风格的图片都有不错的绘制效果，能准确把握莫奈画风、鸟瞰视角、鱼眼镜头的特点。

对于 ChatGPT 提供的各类描述词汇，是否可以经过简单拼接拿来就用呢？还是建议经过自身的理解和思考，在生成提示词时，不要简单地拼接不同的提示词，而要选择适配的元素，避免出现含义相悖的词语。比如现实主义、立体主义、莫奈画风等艺术风格彼此之间有较大差异，在同一条提示词中不要同时出现。适当地拼接和拓展 ChatGPT 提供的基础提示词语料库，可以帮助我们完成一幅文生图作品。

除 ChatGPT 的建议之外，还有一些万能词汇可以用在所有的绘图提示词中。在绘图中，得到高清晰度、高质量的图片是我们一贯的目标，因此可以在绘制任何图片时，在提示词中加上描述高清晰度、高质量的词语，比如 best quality、masterpiece、4k、ultra-detailed 等。此外，提示词构成说明如表 8-2 所示，其中包括

提示词的类别、维度、示例、使用说明、使用频率和重要程度。读者可以对其中的词语进行拼接组合，得到自己的提示词。在使用中建议优先关注重要程度高（重要程度大于或等于 3 颗星）的部分。

表 8-2　提示词构成说明

<table>
<tr><th>类别</th><th>维度</th><th>示例</th><th>使用说明</th><th>使用频率</th><th>重要程度</th></tr>
<tr><td>行业 / 领域</td><td>无</td><td>logo design、interior design</td><td>通常只有特殊行业会使用这类提示词，比如室内设计、Logo 设计等</td><td>中</td><td>★★</td></tr>
<tr><td rowspan="4">画面内容</td><td>时间</td><td>1980s</td><td>需要确定时间的场景，通常是复古场景或者未来场景</td><td>低</td><td>★</td></tr>
<tr><td>地点 / 场景 / 环境</td><td>swimming pool、flowerbed、park、forest</td><td>描述故事或事件发生的地点，还可以增加修饰和细节，比如黄昏时候的海滩、雨中的田间小路</td><td>非常高</td><td>★★★★</td></tr>
<tr><td>人物 / 主体</td><td>人物 / 主体：1 dog、1 boy、1 girl、1 kid
服装：dress、skirt、shirt</td><td>涉及画面里的主体，需要对主体进行简单描述。尤其是人，可以细致描绘其打扮、服饰等</td><td>非常高</td><td>★★★★</td></tr>
<tr><td>行为</td><td>play games、watch a movie、read book、stand、sit</td><td>描绘画面里主体正在干什么，比如一只正在看书的长颈鹿</td><td>高</td><td>★★★</td></tr>
<tr><td rowspan="3">画面风格特点</td><td>艺术媒介</td><td>illustration、photograph、Kodak portra400</td><td>不同艺术媒介得到的画面感觉是不一样的，比如插画和摄影就完全不同，数码摄像与胶片摄影也不同</td><td>高</td><td>★★★</td></tr>
<tr><td>特定的艺术风格、艺术家</td><td>ukiyo-e（浮世绘）、Pixel Art（像素艺术）</td><td>艺术风格是区分比较普及和比较小众的关键。比如波普艺术、像素艺术这类风格大部分 AIGC 绘图应用是能区分的</td><td>高</td><td>★★★</td></tr>
<tr><td>色彩特点</td><td>Macarons（马卡龙色）、Pop Art（波普艺术）</td><td>色彩风格与艺术风格联系比较紧密，波普艺术最显著的特点就是色彩对比强烈等</td><td>高</td><td>★★★</td></tr>
<tr><td rowspan="2">画面形式、镜头特点</td><td>景别</td><td>face shot（面部特写）、half body portrait（半身照）、full body portrait（全身照）</td><td>景别控制通常包括特写、近景、中景、远景等。例如对于同一个人物主题，面部特写和远景是完全不一样的</td><td>高</td><td>★★★★</td></tr>
<tr><td>镜头焦距、虚化</td><td>soft focus（柔焦）、wide-angle view(广角）</td><td>对于特定主体的拍摄会限定镜头相关的设置，比如柔焦适合生成人像美图，广角适合建筑风光</td><td>中</td><td>★★</td></tr>
</table>

续表

类别	维度	示例	使用说明	使用频率	重要程度
画面形式、镜头特点	视角	high angle shot（俯拍）、low-angle shot（仰拍）	拍摄视角，一般不需要指定特殊的视角	中	★★
	光线	neon lighting（霓虹光）、butterfly lighting（蝴蝶光）	光线种类有很多，比如逆光、侧光、轮廓光、伦勃朗光等，除非有特殊要求，否则不需要限定，一般摄影师会注重这一点	低	★
其他约束条件	成像质量	masterpiece super-detailed	控制成像质量	高	★★★

使用上述常用词汇进行组合，再通过万能词汇对提示词升级，就得到了一批更丰富的提示词和输出图片，如表 8-3 所示。和前文中的 AI 绘图相比，AI 用这批提示词绘制的图片更精美，细节也更加丰满，小狗的照片纤毫毕现，泳池的水波鲜艳灵动，女孩的面容和发丝充满自然美感。

表 8-3　更丰富的提示词和输出图片

提示词	提示词的中文含义	AI 画作
best quality, masterpiece, 4k, ultra-detailed, a dog reading a book, Kodak portra400, low-angle shot	最佳效果，杰作，4K 分辨率，极为细致的绘图，阅读书籍的小狗，柯达 portra400 胶片效果，仰角	
best quality, masterpiece, 4k, ultra-detailed, swimming pool, Macarons, photograph	最佳效果，杰作，4K 分辨率，极为细致的绘图游泳池，鲜亮清新的马卡龙色，摄影效果	

续表

提示词	提示词的中文含义	AI 画作
best quality, masterpiece, 4k, ultra-detailed, 1girl wearing yellow shirt with fine-tuned details, Kodak portra400, face shot	最佳效果，杰作，4K 分辨率，极为细致的绘图，穿着黄色衬衣的女孩，柯达 portra400 胶片效果，脸部特写	

除以上介绍的绘制通用图片的“积木”之外，读者还可以根据自己的经验积累来不断丰富和拓展积木包。在使用过程中，你会发现在绘制人像图片时，如果只用通用组件中的“提示词积木”，提示词会缺失很多细节的描述，比如人像的发型、服装、配饰、神态等。8.4.2 节介绍人像绘图“积木包”。

8.4.2 人像绘图“积木包”

人像绘图相对于通用绘图会增加很多人像专属的细节，比如神态、服装、饰品等。这些细节仅用通用的特征无法描述，因此对人像特征需要的提示词“积木”专门拆分。对于人像，我们先定义几个特征大类，包括人物姿态（动作、神态）、人物外形（发型、服装、饰品）和人物背景（自然风景、现代都市、艺术想象）。在每个大类中，让 ChatGPT 给我们提供常用的提示词，如图 8-8 所示。

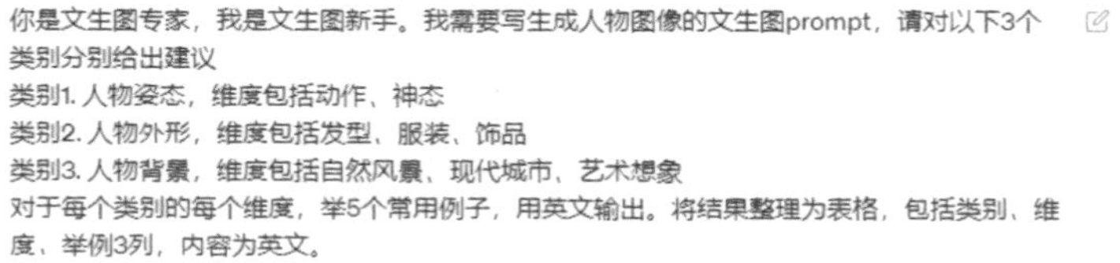

你是文生图专家，我是文生图新手。我需要写生成人物图像的文生图prompt，请对以下3个类别分别给出建议
类别1. 人物姿态，维度包括动作、神态
类别2. 人物外形，维度包括发型、服装、饰品
类别3. 人物背景，维度包括自然风景、现代城市、艺术想象
对于每个类别的每个维度，举5个常用例子，用英文输出。将结果整理为表格，包括类别、维度、举例3列，内容为英文。

图 8-8 ChatGPT 给出的常见人像绘图提示词

下面是按照你要求整理的表格，包括三个类别、各个维度和相应的例子：

类别	维度	举例
人物姿态	动作	Confidently standing
		Joyfully leaping
		Gracefully dancing
		Thoughtfully pondering
		Dramatically posing
	神态	Happy and smiling
		Surprised and wide-eyed
		Serene and peaceful
		Determined and focused
		Mysterious and enigmatic
人物外形	发型	Long flowing hair
		Bold and spiky hair
		Sleek and straight hair
		Curly and voluminous hair
		Bald or shaved head
	服装	Formal business attire
		Casual jeans and t-shirt
		Elegant evening gown
		Sporty athletic wear
		Traditional cultural dress
	饰品	Sparkling diamond necklace
		Stylish wristwatch
		Statement earrings
		Trendy sunglasses
		Colorful beaded bracelet
人物背景	自然风景	Lush green forest
		Majestic snowy mountains
		Tranquil beach
		Serene countryside
		Stunning sunset
	现代城市	Busy city street
		Skyscraper skyline
		Bustling market
		Colorful urban graffiti
		Modern architectural marvels
	艺术想象	Whimsical fantasy land
		Futuristic sci-fi setting
		Surreal dreamlike world
		Mythical creatures
		Vibrant abstract backdrop

希望这个表格能帮助你更好地理解每个类别的不同维度，并为你的文生图prompt提供灵感。如果你需要更多帮助，请随时告诉我！

图 8-8　ChatGPT 给出的常见人像绘图提示词（续）

在图 8-8 中，ChatGPT 给出了很多实用的人像绘图提示词，我们还可以对它们进行一些补充。在服装方面，除上面提到的搭配之外，还可以用“wear a/an + 颜色 + 衣服”的方式进行组合，比如用“wear a light blue dress”“wear a blue shirt and a white skirt”进行组合。除此之外，读者还可以结合自己的实践和积累来不断扩充人像绘图“积木包”。

对 ChatGPT 建议的人像绘图“积木包”进行组合，可以得到丰富绚丽的人像图片。在表 8-4 给出的 3 个例子中，人物的神态、动作、背景都很丰富，人物表情自然。读者还可以在上述建议的类别和维度下不断扩展“提示词积木包”，满足更多的绘图需求。

表 8-4　AI 工具根据不同提示词绘制的示例图片

提示词	提示词的中文含义	AI 画作
best quality, masterpiece, 4k, ultra-detailed, 1 girl, joyfully leaping, serene and peaceful, sleek and straight hair, wearing a white dress, in majestic snow mountains, wearing sparkling diamond necklace	最佳效果，杰作，4K 分辨率，极为细致的绘图，悦动的女孩，拥有平静祥和的面容、顺滑的长发，穿着白色连衣裙，以气势恢宏的雪山为背景，佩戴闪耀的钻石项链	
best quality, masterpiece, 4k, ultra-detailed, 1 girl, with mysterious and enigmatic look, confidently standing, long flowing hair, wearing a dress, with stunning sunset background	最佳效果，杰作，4K 分辨率，极为细致的绘图，自信站立的女孩，带着谜一样的神秘色彩，有飞舞的长发，穿着连衣裙，以绚丽的落日景象为背景	

续表

提示词	提示词的中文含义	AI 画作
best quality, masterpiece, 4k, ultra-detailed, 1 girl, confidently standing, happy and smiling, sleek and straight hair, wearing casual jeans and t-shirt in colorful urban graffiti, wearing sparkling diamond necklace	最佳效果，杰作，4K 分辨率，极为细致的绘图，自信站立的女孩，有明媚的笑容、顺滑的长发，穿着 T 恤和牛仔裤，背景为彩色的都市涂鸦，佩戴闪耀的钻石项链	

综上，本章先对 AI 绘图功能进行概述，再介绍文生图的常用配置。对于文生图中核心的提示词生产环节，本章介绍了 ChatGPT“外包”模式，以及构建并拼接提示词“积木包”等结构性解法。掌握了文生图“魔法”后，有没有可以进阶学习的 AI 绘图技巧呢？除文生图之外，AI 绘图还包括图生图、ControlNet 插件等丰富的功能，下一章会进一步讨论高级功能。

CHAPTER 9

第9章

在AI绘图的海洋遨游

画中有AI

茜茜《蛋糕》

AIGC《蛋糕与马卡龙饼干》

AI 绘图除了最常见的文生图功能，还有很多宝藏功能，比如设计师的“摸鱼神器”——图生图功能、给人像照片随手换造型的局部重绘功能，还有把图片变成“提线木偶”般的 ControlNet 功能。这一章将会一一介绍这些 AI 绘图海洋里的宝藏功能。

9.1　图生图——设计师的“摸鱼神器”

文生图是通过一段文字生成图片的魔法，而图生图就像临摹名家画作，在已有图片的基础上，照猫画虎地批量生产。假如你是一位设计师，设计了一款杯子的样例图，客户让你再做出一组类似风格的设计图以供筛选。这时候，图生图功能就是你的“摸鱼神器”，可以用工业化的方式生产大量相似的图片素材，供参考或选择，极大地提升工作效率。如果将文生图和图生图功能相结合，设计师先用文生图生产基础素材，再用图生图进行素材的拓展，工作效率将会快速提升。

如何使用图生图功能呢？以 Stable Diffusion 平台的图生图（img2img）功能为例，图生图界面的大部分区域与文生图相同，学过文生图的读者会容易上手。图生图较文生图新增的部分主要有两个，第一个是增加输入图片的区域，可以用拖曳或上传文件的方式输入图片。第二个增加的功能为重绘强度（Denoising strength）选项。重绘强度控制新生产的图片和原图的相似程度，取值在 0 ~ 1 之间。取值越高代表对原图借鉴、参考得越少，AI 工具自由发挥的空间越大；取值越低则代表“复制粘贴”的比例越高。在初次使用时，可以将重绘强度设置为 0.7，再通过调整数值感受图片绘制效果的变化。此外，建议将图生图输出图片的尺寸选择为与输入图片尺寸相同或接近，以获得更好的效果。

在图生图过程中，首先输入一张图片，比如杯子放在桌上的图片，同时可以加入描述文字（类似文生图中描述画面的文字）帮助 AI 更好地理解我们的绘画诉求。

原图有着清新淡雅的氛围，杯子是白绿色，放在绿色的碟子上，下面是红棕色的桌面（见图 9-1）。让我们看看 Stable Diffusion 图生图功能（img2img）照猫画虎的效

图 9-1　AI 绘图平台图生图功能的输入图片

（来源：AI 绘图平台的文生图功能）

果。从图 9-2 中可以看出，图生图过程中抓住了杯子、碟子和桌面的相对位置关系，杯子与碟子的大致形状和颜色，以及桌面的纹理、颜色，形成了一组既相似又略有差异的图片。在工业设计中，类似的图生图操作可以带来大量的创意设计图片，让客户有更多选项（见图 9-3）。

以上介绍的图生图功能只是本章的开胃小菜，后续部分将介绍如何在这一功能的基础上拓展出更加丰富的玩法。

图 9-2　AI 绘图平台的图生图功能样例

图 9-3　AI 绘图平台通过图生图功能生产的一系列图片

9.2　局部重绘——请帮我换个发型

很多人都遇到过这种问题，出去玩拍照留影，拍完发现自己对照片局部不满意：眼睛没睁开，头发没打理好，衣服上沾了油渍，旁边的路人入画，等等。这时候，我们需要的不是图生图功能的整体重绘，而是对于图片的局部修饰。在这种“白璧微瑕”的场景中，局部重绘功能十分重要。

传统的修图是技术流，打开 Photoshop（简称 PS），一顿猛如虎的操作后，得到了自己想要的效果。但是对于大多数人来说，专业的设计工具门槛高，手机上的便捷 App 又难以对图片完成自然而美观的局部修饰。这种矛盾衍生出论坛上的许多“大神帮我 P 图”帖子，很多幽默的二创效果图也在网络上进一步传播。

在 AIGC 时代，互联网上的“PS 大神”来到了每个善于使用 AIGC 工具的人身边。AI 绘图中的局部重绘功能，比如 Stable Diffusion 图生图（img2img）中的局部绘制功能（Inpaint）可以对图片的选定区域进行自动重绘，还可以用文本来引导重绘的内容，得到自然而又多样的重绘图片。从此，给自己的照片形象换个发型只需要轻击鼠标。

我们来看一个例子。将一张女孩的照片（见图 9-4）作为输入，女孩虽然穿着古风衣服，发型却过于现代。我们希望给图片里的女孩换一个跟服装更加匹配的古典发型，发间佩戴簪子。

图 9-4　局部重绘功能的输入图片——人物图
（来源：AI 绘图平台的文生图功能）

在进行换发型的局部重绘操作时，需要完成 3 个步骤。

（1）上传待重绘的图片，也就是女孩的照片。

（2）用文本描述待生成的画面内容，告知 AI 工具我们希望重绘什么内容，比如让女孩戴上古典发簪，即可加入提示词“wearing Song Dynasty hairpins”。

（3）选定重绘区域，用画笔涂抹需要重绘的区域，涂抹时可以调节画笔的大小，涂抹完的黑色区域就是重绘区域。除了重绘区域外，输入图片的其他部分不会发生变化。这里有个小技巧就是尽量把重绘区域边缘的部分也进行涂抹，比如图中除了头顶的区域，把周围的区域也进行涂黑（见图 9-5），这样可以在重绘时获得更加自然的衔接过渡效果。但是，如果选择的区域过大，会使新图片与原图的相似度较低，因此要选择适当的涂抹区域。同时，需要在重绘模式中选择对于涂抹部分进行重绘，也就是 Mask Mode 中的 Inpaint masked。

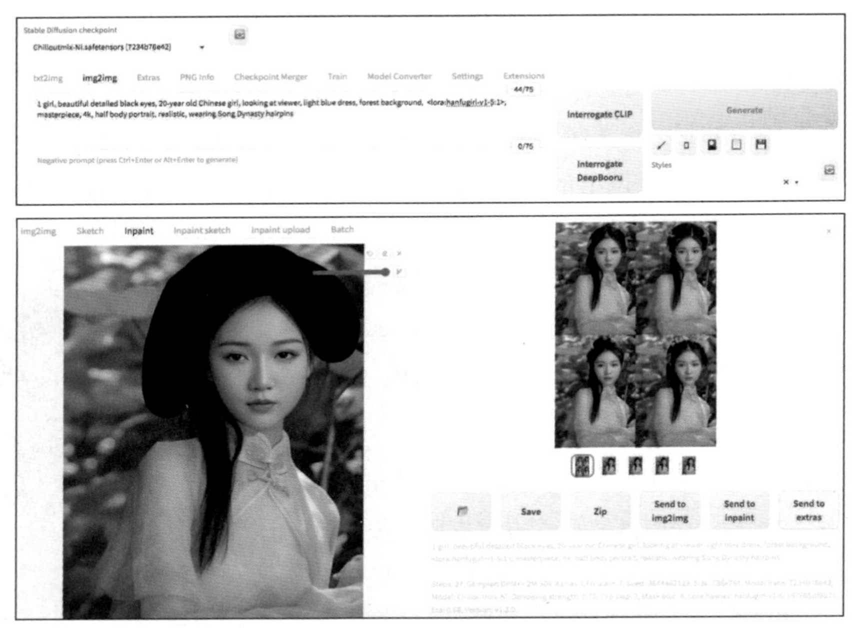

图 9-5　设置重绘区域（人物发型）

完成以上操作后，即可沏一杯茶，静待 AI 工具为我们“一键修图”。

如图 9-6 所示，我们可以看到，进行局部重绘操作后，女孩的发型从现代风变为古典风，佩戴发簪等古风的饰品，发型与服装风格更加呼应，展现出浓厚的古典美。同时，每张重绘图片的饰品和发型都有所区别，比如发簪的类型、数量、图案等均有所差异。而除了发型外的部分，接近头发的荷叶处也做了重绘，让头发到背景边缘的过渡更加柔和而不突兀，获得更加自然的重绘效果。此外，图片的其他部分均和原图一致，做到不改动重绘区域外的部分。

图 9-6　通过局部重绘功能更换人物发型

看完局部重绘中给人物换发型的便捷操作，下次去理发之前，是不是可以先让 AI 设计几个发型，优中选优后再拿给理发师参考，让理发师"按图理发"呢?

当然，图片局部重绘的操作不仅局限于换发型。如果说文生图是工业化的图片生产，其质量难于把控，那么局部重绘就是利用人的判断力去给 AI 画作判卷打分，让它就不足之处改错重答。比如对文生图产出的图片基本满意，但是局部有瑕疵，可以用局部重绘的功能去修复不尽如人意的地方，以得到满意的出图。

在广告素材场景中，局部重绘可以在已有画面中自然地加入新的元素构成广告画面。假设我们在做广告设计，以前面介绍的杯子图片（见图 9-7）为基础素材，把它变为咖啡产品的展示广告。我们可以应用局部重绘功能，在杯子里"注入"咖啡，让丰盈的奶泡勾勒出咖啡的诱人效果。操作步骤和换发型的例子类似，输入一张咖啡杯的图片，对杯顶区域进行涂抹（见图 9-8），在提示词中要求加入咖啡和美观的泡沫，就可以收获多张咖啡广告图，有的咖啡还冒着呼呼的热气（见图 9-9）。

图 9-7　局部重绘功能的输入图片——咖啡杯

（来源：AI 绘图平台的文生图功能）

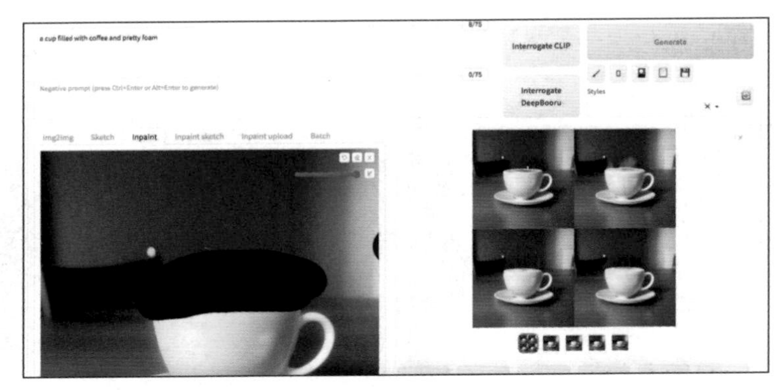

图 9-8　设置重绘区域（咖啡杯）

图 9-9　通过局部重绘功能为杯子“注入”咖啡

利用局部重绘功能，你可以随时对现有的图片做局部调整，既可以修改不满意的细节，也可以为图片增加新的元素。将文生图功能和局部重绘功能组合使用也是个常用的操作。先用文生图交出一张 80 分的答卷，再标出“扣分点”和“修改意见”让 AI 工具用局部重绘功能返工重做，在不断打磨中完成满分作品。

以上介绍了图生图系列的两种常见玩法，一种是对整个画面进行重绘的图生图模式，另一种是对画面局部进行修复的局部重绘模式。当画面元素更为复杂时，如何精准地控制生成的图片呢？让我们进入下一节的 ControlNet 专题。

9.3　ControlNet——把图片生产变成“木偶戏”

前面的篇章依次介绍了文生图技术、图生图技术以及局部重绘技术，技术的应用方式从较为粗放的用文字生成图片，到更加精细的用图片生成图片，再到对图片局部的微调，逐步讲解更精细化地控制图片的生成方式。这一节将进一步讲解如何控制图片中的主体形态，比如人物的姿态、画面主体线条等，让读者可以像操控木偶一样，精细化控制 AI 图片的生成。

木偶戏是耳熟能详的艺术表演形式，也是国家级的非物质文化遗产。在表演中，木偶按照表演者的操控做出各种动作。类比到绘图，我们也可以借助 ControlNet 插件（辅助控制图像生成的工具）让生成的图片像木偶一样听从我们的指挥，满足我们对于画面主体形态，比如人物动作、建筑物结构、画面主体线条等的要求。本节将介绍几种巧妙使用 ControlNet 实现酷炫效果的方式，包括绘制图片时学习人物的姿态，把随手涂鸦变成艺术作品、制作字体设计海报，把人物照片一键换装换背景实现“穿越”，将现实照片“一键 AI 化”等。

9.3.1　让你的模特摆个造型

在前文中，我们介绍了以古装美女图片作为输入绘图中人物换发型的操作。除此之外，AI 工具还能学到图片的更多信息。在 AI 绘图平台 Stable Diffusion 上，结合 ControlNet 插件，可以将图片中的人物动作姿态应用到更多其他的图片中，类似于让你的模特摆出指定的造型。

如表 9-1 所示，我们以古装美女图片作为输入，在文生图环节启用 ControlNet 插件，并选择 openpose 预处理器进行人物姿势检测，就会得到一个用点和线条来描述人物主体姿态的处理结果，以及学习该结果产出的同一姿态的新图片。新图片的人物为年轻男孩，其形象、服饰均与初始的古装美女图片有显著差异，但是头、肩、手臂的动作和位置与原图分毫不差。这种用新的人物形象学习已有姿态的方法令人耳目一新，就像真人模特模仿时尚大片中的动作。绘图者可以基于原始图片中人物的姿态，在生成人物的形象、服饰等方面保留自己想要的风格，相关的参数设置可参考图 9-10。

表 9-1　AI 绘图平台通过文生图 +ControlNet 功能生产的人物图片

输入图片	模型学到的人物姿势信息	输出同一姿势的图片

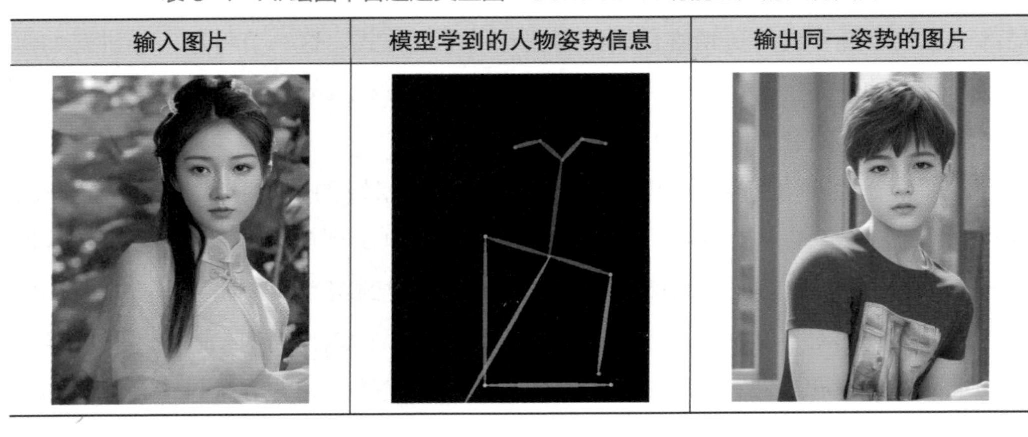

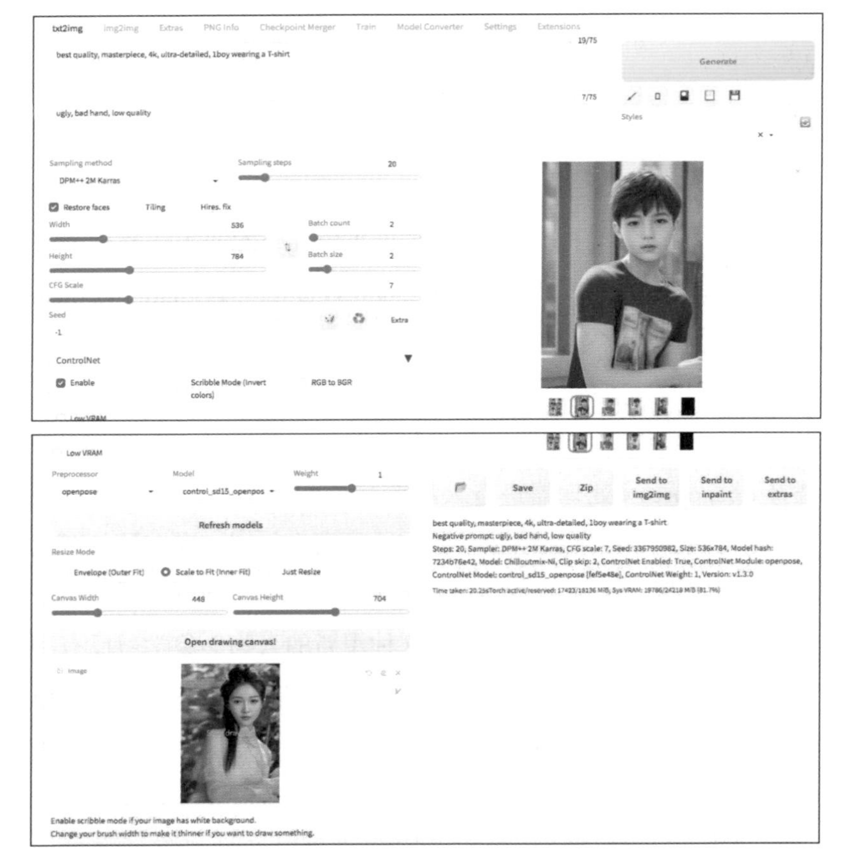

图 9-10　通过“文生图 +ControlNet”功能生成新造型

9.3.2　用一张照片“穿越时空”

在前面的小节中，我们介绍了用局部重绘功能给照片换发型，以及用 ControlNet 插件固定模特姿态。把这两个技能点结合起来，可以畅想新的应用场景。对于人像图片，我们可以进一步大胆想象，把重绘的区域从头发扩大到全身的服装造型，可以为人物生成指定的服装和发型，给现代照片换上古风服装，体验“穿越”到古代的感觉。同时，考虑到人像生成时可能出现姿态不自然，肢体比例不协调的问题，刚刚用到的 ControlNet 姿态检测功能可以让模特像“提线木偶”一样听从指挥，生成更加协调美观的“穿越照片”。让我们同时点亮局部重绘和 ControlNet 的技能点，看一看用一张图片如何“穿越古今”。

首先，以 AI 绘图工具生成的古装照片（见图 9-11）作为局部重绘（图生图的 Inpaint 模式）和 ControlNet 插件的输入。在局部重绘中，我们希望 AI 画师对脸部之外的部分进行重绘，保持脸部不变。为了操作方便，涂抹模特的脸部，并选择对未涂抹部分进行重绘，也就是 Mask Mode 中的 Inpaint not masked。如图 9-12 所示，在涂抹的时候，小技巧是把脸部和脸部周围的头发都进行涂抹，这样绘制的效果更自然，边缘的过渡更合理。

图 9-11　初始输入图片
（图片来自 AI 绘图平台文生图功能）

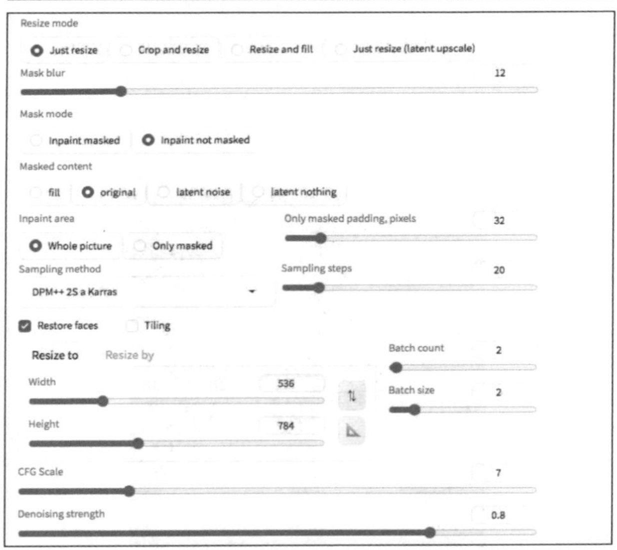

图 9-12　设置重绘区域

如图 9-13 所示，在 ControlNet 中，选择代表人体姿态识别的 openpose 预处理器，以及相应的 openpose 模型，可以自动识别人物的姿态。

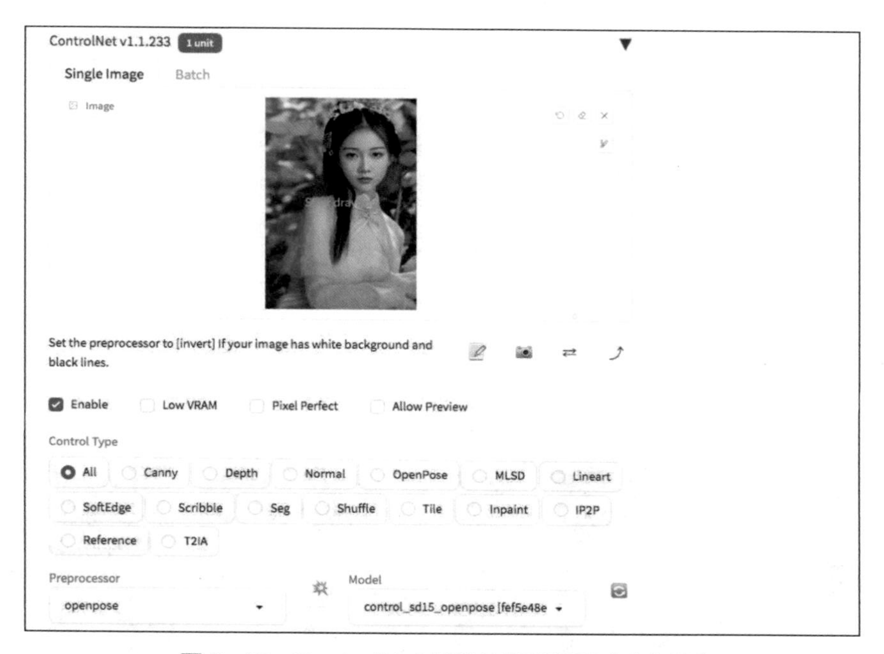

图9-13　ControlNet插件的相关设置（人物图）

完成基础的设置后，通过提示词来控制生成的人物服装、配饰、背景。人物方面，1girl即代表一个女孩。服装方面：绘制古装风格的服饰，可以输入“wearing song hanfu with fine delicate details”（穿着细节精美的宋风汉服）；绘制现代装，可以输入“wearing a loose T-shirt”（穿着宽松的T恤），“wearing a white dress”（穿着白色的连衣裙）；绘制未来主义的时尚服装可以输入“wearing fashionable, futuristic clothes”（穿着时尚的，未来感的衣服）；绘制仙侠风格服装可以输入“wearing chinese fairy clothes”（穿着国风仙女服）。发型和配饰方面，可以用提示词调整人物发型，比如“long straight hair”（长直发），“ponytail”（马尾辫），也可以加入“wearing flowers on the head”（头上佩戴鲜花）等装饰。图片背景方面，可以用“natural forest background”（自然的森林背景），“cosmopolitan city background ”（现代都市背景），“fashion magazine style”（时尚杂志风格），“dark background”（深色背景），“high contrast with background”（画面主体与背景对比强烈）等提示词进行控制。同时，在正向提示词中加入“masterpiece”（杰作）、“high quality”（高质量的）；在负向提示词中加入“blurry”（模糊的）、“cartoon”（卡通风）等不想要的风格，也可以帮助我们获得更理想的图片。

在 AI 绘图平台配置以上参数后，得到丰富的美女变装图片，如表 9-2 所示。AI 模特时而是俏丽的古装佳人，时而是知性的都市女孩，时而是时尚感极强的摩登女郎，时而是创意无限的仙侠女主，可谓异彩纷呈。而人物的脸部和姿态保持不变，可谓“同一个动作的定点挑战”。

表 9-2　通过 AI 绘图平台绘制的美女变装图片

古装	现代装	时尚大片	仙侠

通过上述方式生产的图片清晰度很高，细节饱满，并非简单的换脸 PS，而是高质量的图片生产。回顾 AI 换装的流程，只用到一张图片作为输入，应用局部重绘和 ControlNet 的魔法，结合提示词对服装、造型、背景的“指挥”，就能得到丰富的换装图片，仿佛在古今时空穿梭遨游，可谓“一图在手，天下我有”。不需要亲自去照相馆花不菲的价格拍摄写真，也不需要烦琐的化妆造型过程，我们在 AI 绘画

平台就能随心所欲地穿越到各种风格和题材的拍摄现场，定制自己的妆容、服饰、造型、背景，拍出不限量的专属创意大片。

9.3.3　给你的涂鸦“插上翅膀”

上述指挥模特摆造型的过程主要用到 ControlNet 中检测姿态的 openpose 预处理器。除此之外，ControlNet 还提供丰富的功能，可以像填色游戏一样对用户手绘的涂鸦进行填充上色；ControlNet 可以做建筑师的小助手，以建筑物的结构线条为输入绘制效果图。

下面以 AI 对手绘涂鸦的上色为例进行介绍。首先输入一张简单的手绘图片，比如气球的图片。然后在 Stable Diffusion 的文生图环节启用 ControlNet 插件，并选择 Scribble 预处理器，对手绘图片进行拓展和填充，通过调整配置，可以从一张手绘图得到多种不同风格的涂鸦，如表 9-3 所示。

一张简单的气球涂鸦经过 Stable Diffusion 的魔法加工，时而变成写实风格的飞翔照片，时而变成瑰丽的卡通彩绘，可谓插上了想象的翅膀。有了 AI 工具，小小的手绘涂鸦也可以变得绚丽多彩。图 9-14 展示了相关参数的设置情况。

表 9-3　AI 绘图平台通过文生图 +ControlNet 功能生产的气球图片

输入图片	输出图片 1	输出图片 2

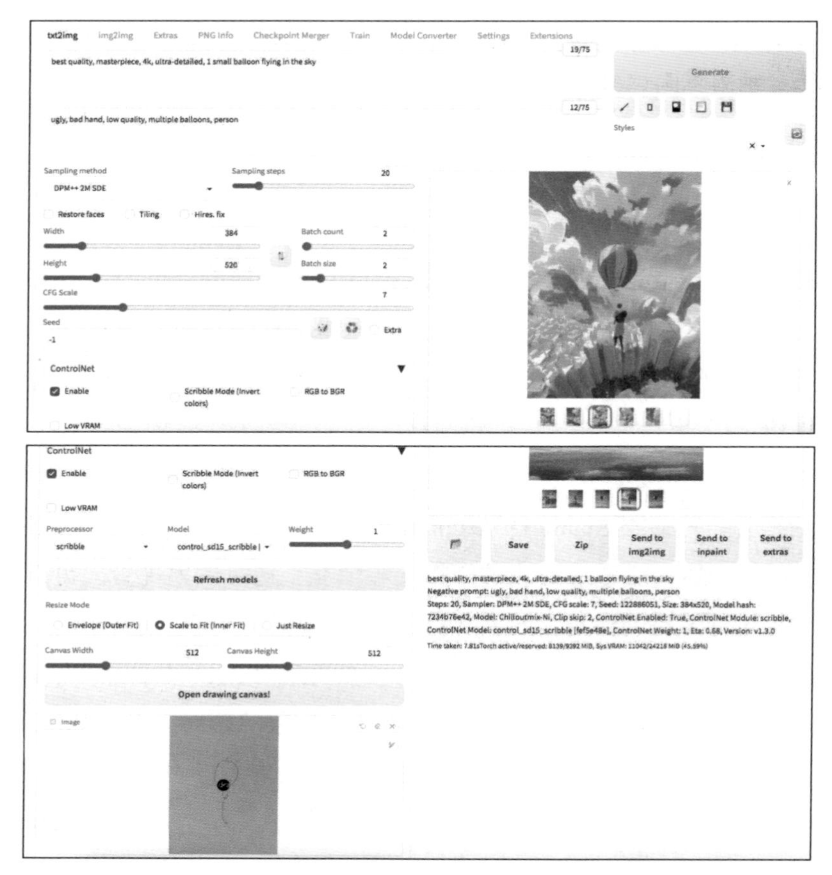

图 9-14　AI 绘图平台 +ControlNet 的参数设置

9.3.4　你的 AI 文字海报设计师

除了给模特摆姿势，以及给手绘涂鸦“插上翅膀”，ControlNet 还可以给我们做专属的字体海报设计。比如我们想为柠檬茶做字体海报，以下几张都是 AI 设计的杰作（见图 9-15）。

读者一定跃跃欲试想要实现字体设计的功能，让我们看一下步骤。首先，通过 Word、PowerPoint 等工具做出一张白底黑字的文字图片（见图 9-16）。

图 9-15　AI 绘图平台通过文生图 +ControlNet 功能生产的字体海报

柠檬茶

图 9-16　白底黑字的文字图片示例

以白底黑字的图片为基础，让 Stable Diffusion 将其加工为创意的字体设计。这里用到的功能是“文生图 + ControlNet”。在文生图部分可以给出想要的元素、颜色等信息。最为重要的是用 ControlNet 功能提取文字的主体结构。可以使用“Scribble”（涂鸦）、“Canny”（线稿）等不同的处理模式。结合文生图和 ControlNet 就可以得到既满足文字结构，又充满创意的图片，图 9-17 就是一个操作界面的示例。同时注意，对于白底黑字的图片输入，在 ControlNet 中选择 Invert Color（反色模式）。

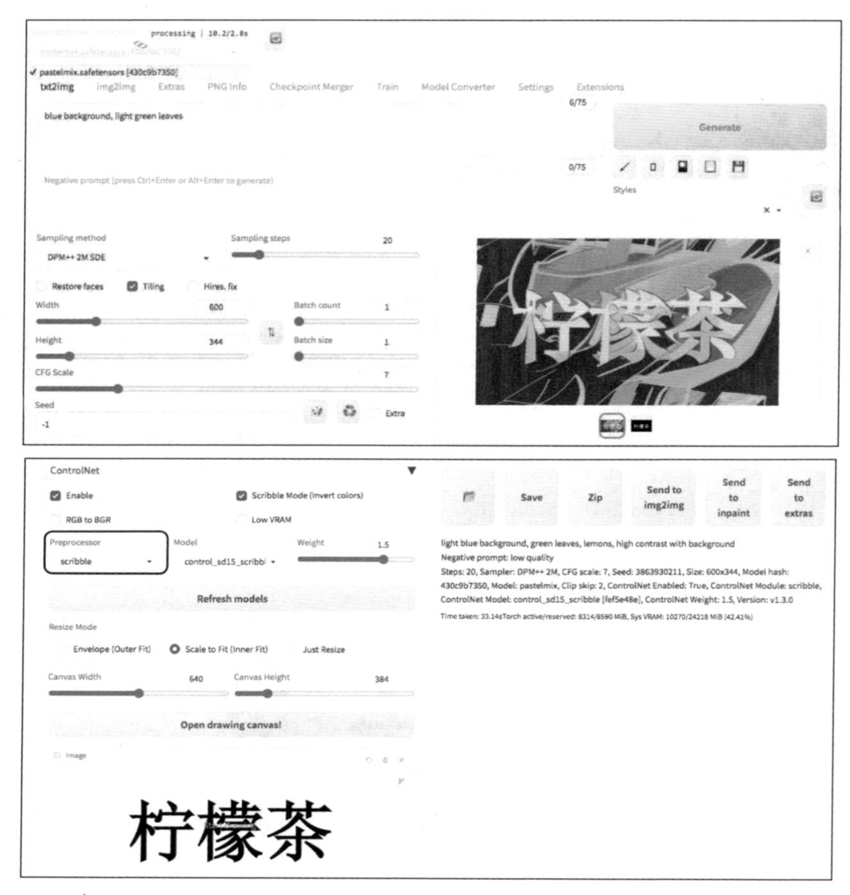

图 9-17　ControlNet 插件中的参数设置（字体海报）

读者可能会问，不同的 ControlNet 预处理器会带来什么效果上的差异呢？在图 9-17 中，上面的示例中用到 Scribble（涂鸦）预处理器，可以看到生成的图片中文字结构与输入的文字有一定差异。顾名思义，涂鸦代表更大的创造空间，这也给模型带来了更多发散空间。而如果选择 Canny（线稿）模式，AI 工具会更加严谨地进行绘制，生成的图片会和原图字体更接近，如图 9-18 所示。

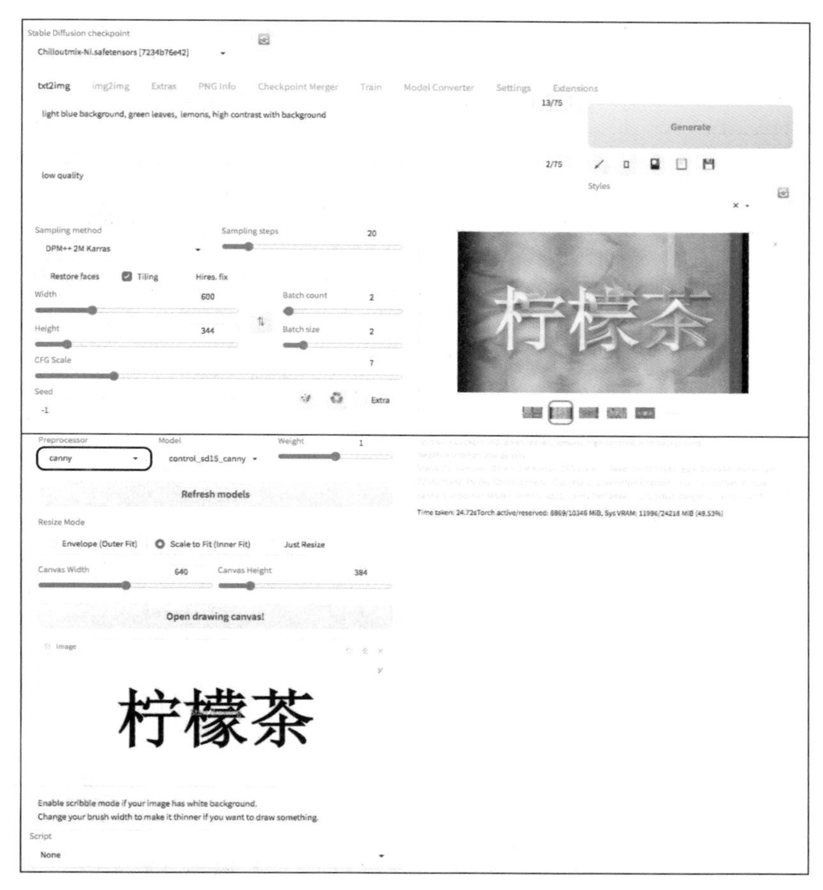

图 9-18　ControlNet 插件中的参数设置（线稿模式）

如果读者希望绘图效果更有想象空间，就选择涂鸦模式；如果希望更还原字体，就选择线稿模式。那么，有没有功能可以让 AI 工具在“脑洞大开”的时候依然较好地还原输入的字体样式呢？你可以在涂鸦模式中，调整 Weight（权重）参数，权重代表应用 ControlNet 模型的强度，也就是本例中的涂鸦或者线稿预处理模式的强度。权重越高，则强度越大，字体也会还原得更加充分。通过选择 ControlNet 的预处理器以及模型权重，可以调整 AI 工具在字体设计时的创意程度，在表 9-4 中可以看到具体例子。

表 9-4　ControlNet 的不同预处理器和参数的配置案例

ControlNet 的预处理器	ControlNet 预处理模型权重	生成的图片示例
Scribble（涂鸦）	0.8	
	1	
	1.5	
Canny（线稿）	0.8	

续表

ControlNet 的预处理器	ControlNet 预处理模型权重	生成的图片示例
Canny（线稿）	1	
	1.5	

9.3.5　你的二次元卡通画师

随着智能绘图的普及，越来越多的用户喜欢给自己绘制卡通头像。几年前，一款叫脸萌的软件爆火，大量用户在该软件上生成自己的卡通头像。卡通照片既符合人物的特点，又诙谐可爱。在 AI 绘图时代，绘制卡通照片有了更大的自由度和更加便捷的操作，不再需要逐一选择五官、发型、背景等，而是可以一键生成卡通图片。同时，生成的卡通图片也不会受到素材的限制，比如在脸萌软件中关于发型和背景的选项有限。合理运用 AI 绘图技术，可以让二次元 AI 画师为我们的任意一张照片绘制卡通版本。

以 Stable Diffusion 平台为例，同时使用图生图功能（img2img）以及 ControlNet 插件就可以完美实现现实照片向二次元卡通风的转换，制作自己专属的卡通头像。

表 9-5 给出了将人像照片、动物照片和物品照片转变为卡通风的例子，让我们看看效果。

表 9-5　将写实风图片转换为二次元卡通风图片的示例

原始照片	照片的卡通风版本

 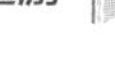

续表

原始照片	照片的卡通风版本

看了上面的例子，读者一定跃跃欲试了。首先选择图生图（img2img）功能。将原始照片作为输入，在选择基础模型（Stable Diffusion checkpoint）时，建议选择偏向二次元、手绘等卡通风格的模型。在提示词部分对画面的主体元素进行描述，并添加控制图片质量的词汇（如 masterpiece）即可，不需要对图片内容进行详尽的描述。比如生成女孩照片的涂鸦时，在正向提示词中输入“1 girl, masterpiece”；在负向提示词中输入“bad quality, bad hand”即可（见图 9-19）。这里的提示词明显比文生图中更简短，因为画面的详细元素可以通过输入的图片得到，不需要用文字赘述。可以看出，文字和图片都是传递输入信号的形式，也就是我们与 AI 工具沟通的桥梁。无论选择哪种方式，只要信号传递通畅即可。

Stable Diffusion checkpoint
pastelmix.safetensors [430c9b7350]
txt2img　img2img　Extras　PNG Info　Checkpoint Merger　Train　Model Converter　Settings　Extension
4/75
1 girl, masterpiece
5/75
bad quality, bad hand

图 9-19　Stable Diffusion 平台的提示词设置

此外，需要重点关注生成图片的尺寸及图片的重绘强度。在选择生成图片的尺寸时，建议选择和原图片相同的尺寸或进行等比例缩放，以更好地还原图片内容。如图 9-20 所示，你可以在 Resize to 选项框中输入想要的画面尺寸，也可以在 Resize by 选项框中输入新图片相对于原图片缩放的比例。在重绘强度方面，重绘强度越高，则新图片与原图片的差异越大。真人风与卡通风的图片有明显差异，因此要给 AI 画师留出足够的创意空间。如果重绘强度（Denoising strength）过低，则无法体现二次元风格。建议将重绘强度（Denoising strength）选择为 0.75 以上。

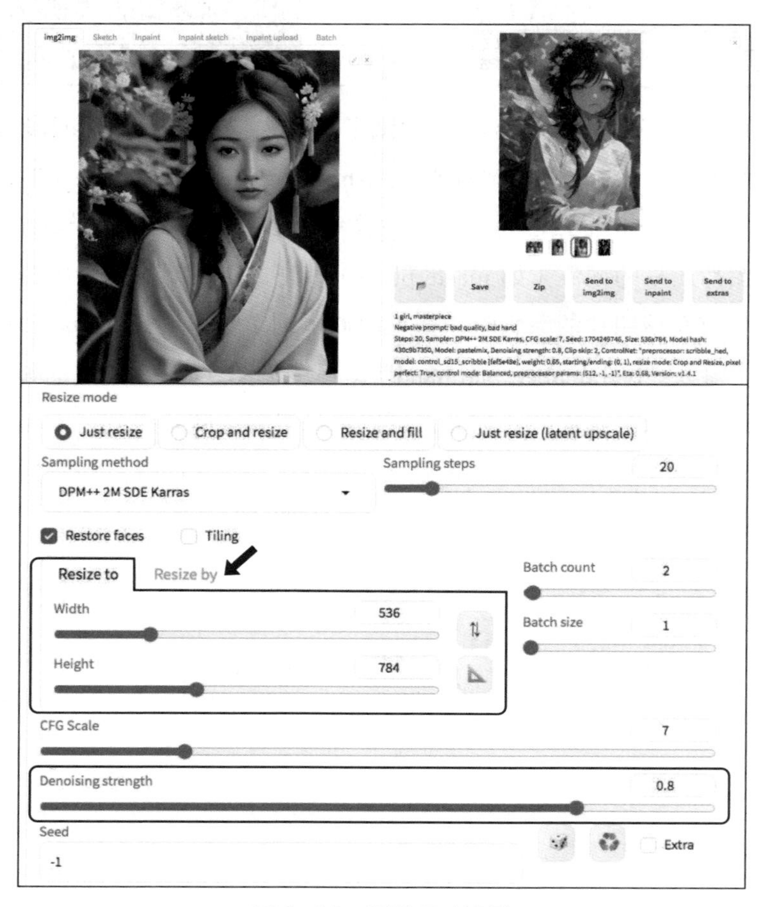

图 9-20　图片尺寸设置

除了应用图生图功能外，还需要 ControlNet 帮助我们固定画面的主体线条。以同样的图片作为 ControlNet 的输入图，在选择 ControlNet 模型时，注意模型要和预处理器相对应。如图 9-21 所示，选择涂鸦风格（Scribble）的预处理器，以及相应的涂鸦（Scribble）模型。选好模型后，核心参数是 Control Weight，也就是应用 ControlNet 插件的强度。建议先将 Control Weight 设置为 0.5 左右，再通过左右调节找到最适合的取值。

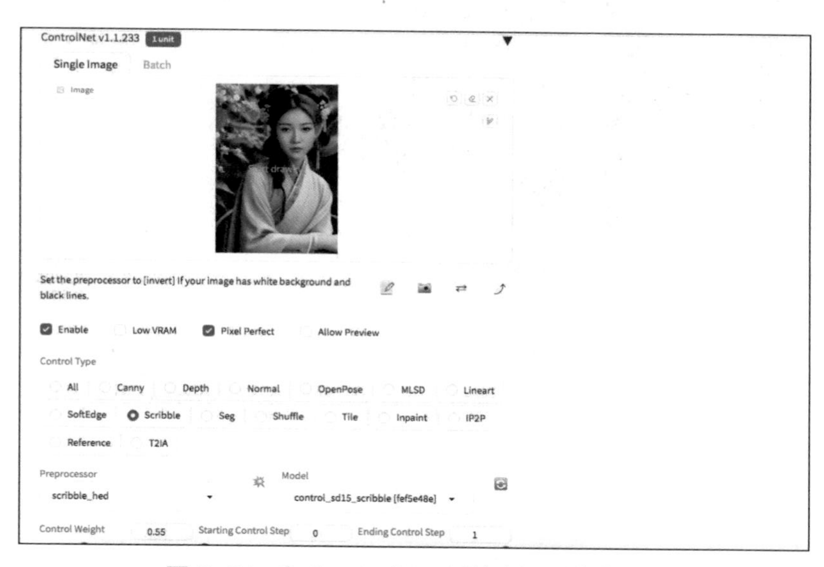

图 9-21　在 ControlNet 插件中设置涂鸦风格

细心的读者可能会问，既然 ControlNet 帮我们固定了画面的主要线条，是否还需要用图生图功能呢？能否用文生图进行代替？这取决于我们对新图片的需求，如果希望新图片相对于原图片除了风格更加卡通外，其余的变化较少，也就是新图片与原图片在颜色、背景等方面的相似度较高，就用“图生图 + ControlNet”。如果希望新图片仅仅学习原图片的主要线条，在配色和背景方面自由发挥，则采用“文生图 + ControlNet”。

表 9-6 对比了两种方案的效果，可以看出“图生图 + ControlNet”产出的图片的背景、服装和发型更加接近原图，类似于原图的“一键二次元化”。而“文生图 +

ControlNet”产出的图片的背景、服装、发型方面和原图有明显差异，只对画面主体线条（比如人物轮廓）进行还原。

表 9-6　基于图生图与文生图的二次元风格绘制效果对比

原图	通过“图生图 + ControlNet”绘制的二次元风格图片	通过“文生图 + ControlNet”绘制的二次元风格图片

至此，本章介绍了图生图、局部重绘和 ControlNet 的常见用法，感兴趣的读者还可以进一步解锁更多高阶玩法。丰富的 AI 绘图功能让我们期待将不同 AI 平台的功能进行整合，形成“智能全家桶”。

9.4　展望“智能全家桶”的时代

由第 7 ～ 9 章的介绍可以看出，当前常用的 AI 问答工具（如 ChatGPT）、AI 绘画平台（如 Stable Diffusion）往往相对独立，而复合型的产品尚未形成大规模的应用。未来的终极智能形态是否可以跨越平台的限制，提供文本、图像，甚至语音、视频的一站式智能服务呢？让我们整合应用第 7 ～ 9 章学到的内容，畅想一个可以回复“文本 + 图片”的聊天机器人。在第 7 章中，我们通过向 ChatGPT 高效提问获得了制作意大利面的教程，利用本章的技术则可以使用 AI 绘图工具制作意大利面图片。让我们综合应用这两章的知识点来做个小练习，把图片和文本拼接，手动做出复合型聊天机器人的示例，作为对于 AIGC 广阔前景的展望吧。

首先，回顾一下制作意大利面的步骤。通过高效地对 ChatGPT 提问，我们得到制作意大利面的 3 个具体的操作步骤。

综合图 9-22 中的信息，制作意大利面的 3 个主要任务为：（1）煮意大利面和制作酱料；（2）烹饪意大利面配菜；（3）将意大利面和配菜进行搭配。对于每个环节，我们要求 ChatGPT 分别生成一段可以用于 AI 图片绘制的提示词。

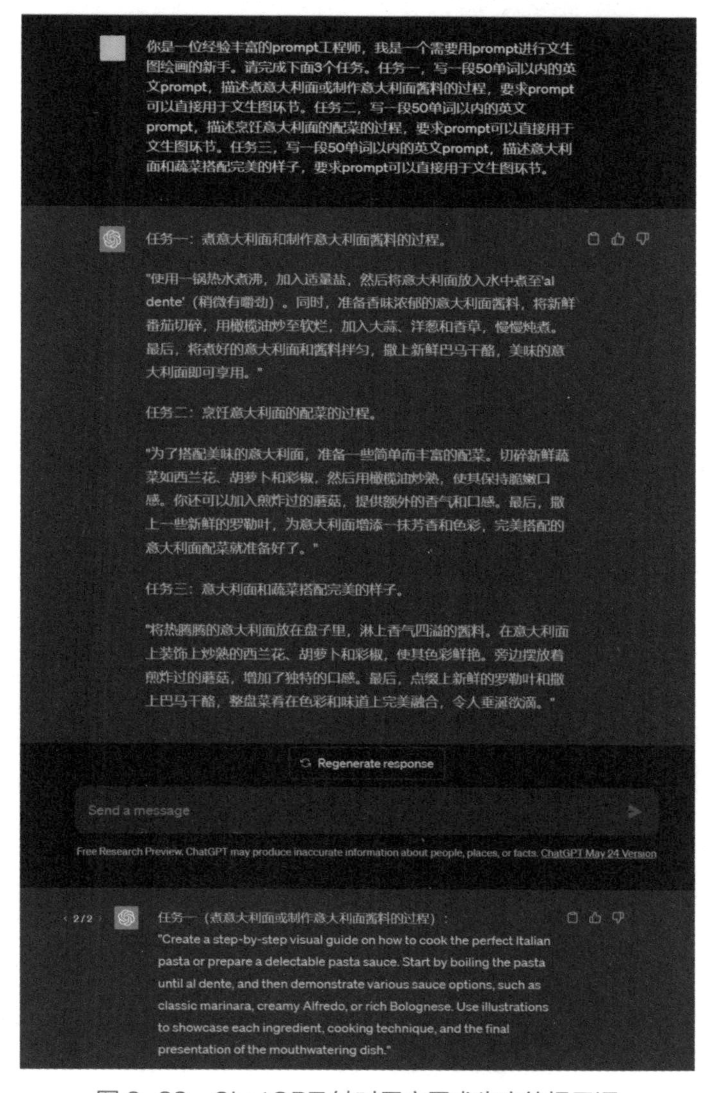

图 9-22　ChatGPT 针对用户需求生产的提示词

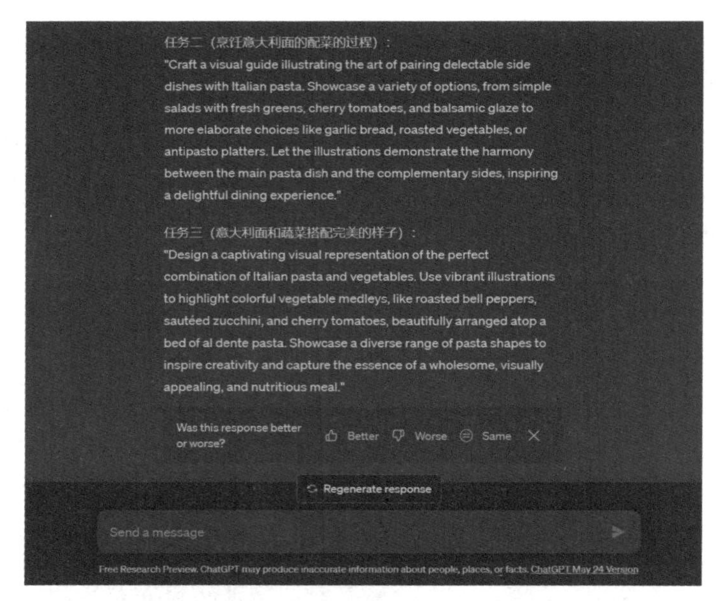

图 9-22　ChatGPT 针对用户需求生产的提示词（续）

ChatGPT对3个任务分别给出了文生图提示词，将3段提示词分别输入Midjourney平台，可得到3个环节对应的绘画结果。第1个环节生产的图片如图9-23所示。

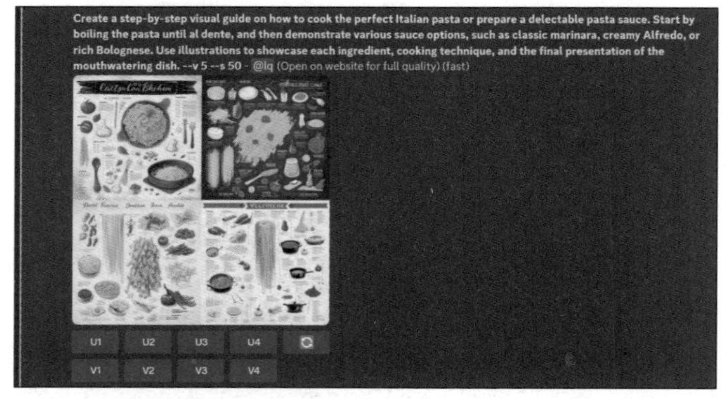

图 9-23　Midjourney 平台通过提示词生产的图片（1）

第1个环节侧重意大利面条和酱料的绘制，对应的提示词中提到了分步骤制作面条和酱料，可以看到通过Midjourney绘制的配图覆盖煮面条和酱料的不同元素，以及烹饪器皿。但是整个方案对于不同步骤的区分不够明显，偏重元素堆积。需要注意，图片上的文字只是 AI 生成绘图时作为装饰的，不具备实际语义。同时，你会发现，这部分提示词在 Midjourney 平台生成的绘图是卡通风格的图片。

而将同样的一段提示词输入到 Stable Diffusion 平台，生成的图片则更加贴近现实摄影。可以看出，不同平台就像不同的工具，可能因为训练数据、模型结构、参数配置等差异，而产生对同一个问题的不同解答。当我们进行图像生成时，也可以比较不同平台生成图片的风格差异。如图 9-24 所示，Stable Diffusion 提供了照片质感的意大利面、酱料和锅的图片，同时对于不同步骤的描绘也更加精准。

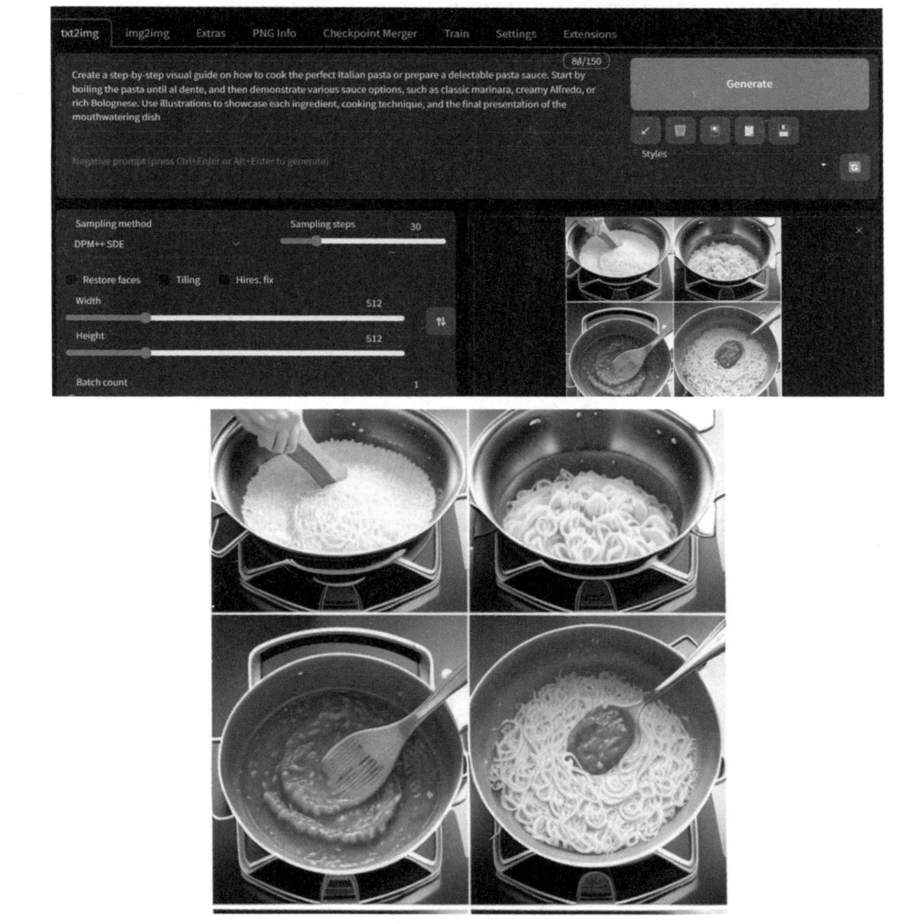

图 9-24　Stable Diffusion 平台通过提示词生产的图片（1）

制作意大利面的第 2 个环节侧重于和意大利面相搭配的蔬菜有哪些以及蔬菜的烹饪。如图 9-25 所示，AI 绘图工具给出了丰富的蔬菜图片，以蔬菜和意大利面的卡通形象组合为主。但是此处 ChatGPT 生产的提示词在准确性方面存在问题，有以下两个不足之处。

（1）这一步的重点是蔬菜的处理，而非意大利面，提示词中不应出现过多的意大利面元素，比如强调意大利面与蔬菜的关系。

（2）提示词没有覆盖输入中的“烹饪”，烹饪相关的细节不够。

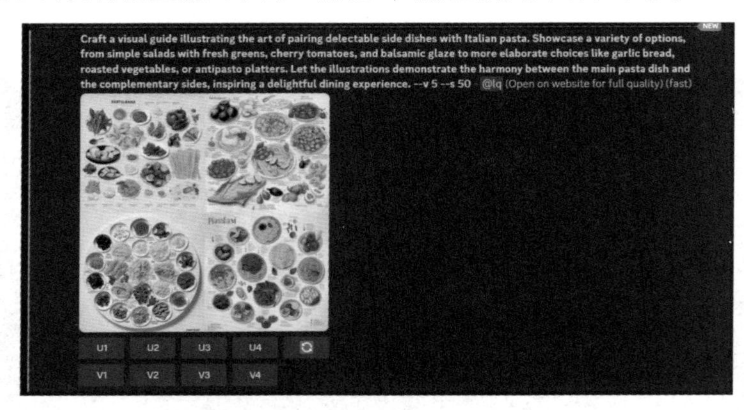

图 9-25　Midjourney 平台通过提示词生产的图片（2）

在此基础上对本段的提示词进行调整，考虑到蔬菜烹饪的过程难以用单张图片展现，侧重于对蔬菜的描绘，结合 ChatGPT 对意大利面配菜的建议，将提示词简化为“Showcase a variety of fresh vegetables, please include brocoli, spinach, mushroom and tomato”，并在 Stable Diffusion 平台进行绘图，得到常与意大利面搭配的蔬菜全家福，如图 9-26 所示。

制作意大利面的第 3 个环节侧重面条、蔬菜等不同元素的组合。这里 Midjourney 的绘图保留了意大利面和蔬菜组合的设想，但是返回的图片（见图 9-27）是不同元素的简单叠加，与我们预期的意大利面成品图片有不小的差距。

在 Stable Diffusion 平台，经过简单的调试，比如在负向提示词（negative prompt）中添加“anime, painting”等词汇来增强绘图的真实感，冲淡卡通属性和绘画属性，可生成更加符合预期的图片（见图 9-28）。

图 9-26　Stable Diffusion 平台通过提示词生产的图片（2）

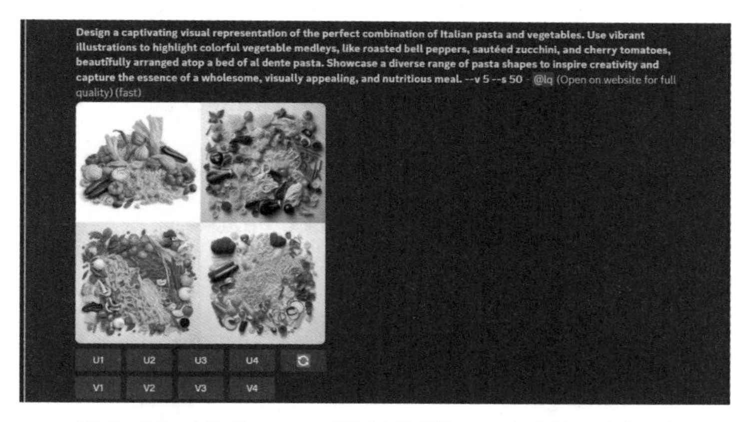

图 9-27　Midjourney 平台通过提示词生产的图片（3）

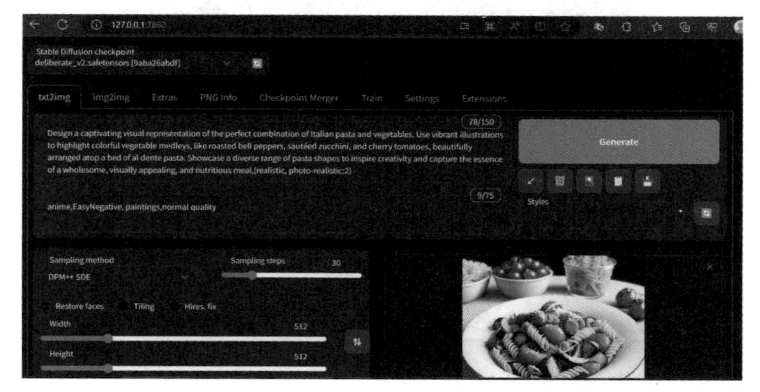

图 9-28　Stable Diffusion 平台通过提示词生产的图片（3）

至此，我们已经利用ChatGPT生产文本和绘图的提示词，利用AI绘图工具完成图片生产。下面让我们把文本和图片拼接起来，将图片添加到相应的位置，形成图文并茂的聊天页面，如图9-29所示。

问题1：如何烹饪意大利面，包括面条的煮法和酱料的制作？问题2：哪些蔬菜适合搭配意大利面，以及如何将它们烹饪得美味？问题3：如何将意大利面和蔬菜搭配得既美观又美味？

问题1：如何烹饪意大利面，包括面条的煮法和酱料的制作？

意大利面的煮法：

1. 将大锅中的水煮沸，加入适量的盐。
2. 将意大利面放入沸水中，根据包装上的指示时间煮熟，通常需要8-10分钟。
3. 煮熟后将面条捞出，放入碗中备用。

意大利面的酱料制作：

1. 番茄酱：将番茄切碎，加入洋葱、蒜、橄榄油、盐、黑胡椒等调味料，煮沸后慢火煮20-30分钟，直到酱汁变浓稠。
2. 白酱：将黄油和面粉混合，加入牛奶、盐、黑胡椒等调味料，搅拌均匀，煮沸后慢火煮5-10分钟，直到酱汁变浓稠。
3. 罗勒酱：将罗勒、松子、大蒜、帕玛森芝士、橄榄油等材料放入搅拌机中搅拌均匀，制成酱汁。

图9-29　ChatGPT与AI绘画工具实现“图文并茂”

问题2：哪些蔬菜适合搭配意大利面，以及如何将它们烹饪得美味?

适合搭配意大利面的蔬菜有：

1. 西兰花：将西兰花切成小块，放入沸水中煮熟，捞出备用。
2. 菠菜：将菠菜洗净，放入锅中煮熟，捞出备用。
3. 蘑菇：将蘑菇切片，放入平底锅中煸炒，加入盐、黑胡椒等调味料。

问题3：如何将意大利面和蔬菜搭配得既美观又美味?

将煮熟的意大利面和烹饪好的蔬菜混合在一起，可以根据个人口味加入适量的酱料，搅拌均匀。可以在盘子中摆放一些蔬菜，将意大利面放在上面，再淋上一些酱汁，这样既美观又美味。可以根据个人口味加入一些帕玛森芝士或者其他调味料，增加口感。

图 9-29　ChatGPT 与 AI 绘画工具共同实现“图文并茂”（续）

以上的聊天界面也是我们可以展望的未来聊天机器人回复的形态，甚至可以在未来进一步融合语音、视频等技术，在回复时发一段指导意大利面烹饪的语音，或者一段制作意大利面酱料的视频。目前虽然有类似的图片聊天 App 问世，但是离大规模的应用普及仍有距离。除了智能聊天机器人，组合应用 AI 工具还能让每个人都可以创作有声漫画或迷你短剧。由 ChatGPT 创作小说或剧本，由 AI 绘图工具创作配图，由 AI 配音工具提供语音，组合生成声图文并茂的有声漫画或迷你短剧。以当前技术演进的速度，相信在不久的将来，单点式的 AI 工具将联合形成“智能全家桶”并造福人类。但在技术整合的浪潮中，我们所面临的挑战与机遇也不言而喻。

CHAPTER 10

第10章

超级个体实践案例

茜茜《城堡》

AIGC《城堡》

科技的发展史就是一部创新史，主要经历了三个阶段。

突破式创新阶段。20 世纪，我们见证了大量从 0 到 1 的突破性创新，比如香农定理、图灵机等基础理论。21 世纪，计算机、互联网、光纤技术、蜂窝移动通信等技术快速发展，为当代科技持续进步奠定了关键的理论和技术基础。

迭代式创新阶段。从 20 世纪 80 年代到 21 世纪，我们看到的更多的是基础设施不断发展、不断演进升级。以移动通信为例，实现了 1G 到 5G 的产业化、规模化发展。计算机和手机终端的运算能力不断增强，移动互联网的蓬勃发展为全球经济社会发展带来技术红利。

融合式创新阶段。当前，我们明显感受到技术融合的趋势在加快，5G、云计算、人工智能等新一代技术不断融合，相互支撑，呈现出融合、系统化发展的特点。大模型的发展也在遵循这样的道路，向量数据库、算力资源、高质量语料等共同推动大模型产业的落地。

真正的颠覆式创新其实非常难，大量公司都是在核心技术上进行了一种“生态位扩张”，例如小米公司当年首先做的并不是手机，而是安卓系统界面的优化，之后才开始涉及智能终端，并在营销上做出创新。因此，跟随是一种稳妥且靠谱的战略。但是跟随哪个战略、对标哪个公司、跟谁学习，则是一个难度极大的问题。

创新本身具有一定的偶然性、无目的性和随机性。如果成功了，就是高瞻远瞩；如果失败了，就是鲁莽、冒进、不切实际。这两者的分界线就在于，创新对当前世界带来的冲击效应，大多数优秀的企业都在这种冲击中获得了高速发展。

对于个体来讲，不需要摧枯拉朽式的革命性创新，哪怕只是微创新也是成为超级个体的有效方式和路径。

10.1　职场妈妈为小朋友制作绘本

浙江有一位小学三年级学生的妈妈利用业余时间制作了一个绘本（见图 10-1），绘本的文字内容是学生们的优秀作文，这位妈妈利用人工智能工具把大家的想象力和创造力通过绘画展现了出来。

图 10-1 《大鸾的童话》插画封面
（来源：公众号“可爱妈妈 AI”）

整个过程分为以下步骤。

- 拟定主题——首先请班主任老师和家长完成了作文的校稿工作，并制定了《童话》和《看见》两个主题。
- 归纳作文的关键词——关键词是生成式人工智能绘画的核心，同时关键词要能够把作文的基本意思表达出来，为此这位妈妈利用 ChatGPT 进行关键词归纳，之后经过修改完善形成可以使用的提示词（见图 10-2）。

插画公式：主题描述词语+风格（风格名称或画家）+描述+颜色灯光+官方命令 举例: a lovely girl, smile, wearing snail's shell（主题）, many flowers on the wooden floor, outside the window（描述）, enchanting scapes with bright sunlight（灯光）, dark aquamarine and amber,（特定的风格颜色）, witty and clever cartoons, hand lettering, vibrant watercolors, uhd image（风格）--ar 3:2（比例）--niji 5（风格）--v5（版本格式）

图 10-2　绘画所使用的提示词模板

- 使用 Midjourney 来进行汇报——需要考虑这一幅绘画作品是否把作文描绘的场景整体呈现出来。
- 选择具体的风格——学生们经常有各种奇思妙想，绘画风格要尽可能贴近小朋友的审美，包括水彩、迪士尼等风格。
- 关键词转译——学生们都是用中文进行写作，关键词总结出来之后需要转成英文，并且要对用词不断调整，反复尝试。

人工智能技术将会给我们的教育和学习带来较大影响，不仅可以让孩子更好地学习知识、塑造心智，还能帮助家长更好地参与到孩子的成长之中。

人工智能会扩展孩子的能力边界。生成式人工智能给每个人都打开了一扇门，尤其是有丰富想象力的小朋友，有着旺盛的好奇心、自信心，有着强烈想要探寻这个世界的想法。如何把这种想法和能力结合，让孩子在使用人工智能工具的同时，增加对这个世界的了解，更为重要。

创意与筹划将是核心能力。生成式人工智能让创意的价值弥足珍贵。文字不是我们发明的，但是孩子有驾驭文字并写成文章的能力，这其实也是一种创意能力。人工智能则将文字、色彩等元素进行组合，形成了极富创造性的内容，尤其是文章的作者有着不同的经历、理念、表达水平、美学素养等，人工智能据此创造出来的内容的精彩程度也是各不相同。所以，让孩子去接触新技术、新的人工智能工具，可以让他们更好地培养自己创意与构思的能力。

善于思考是人工智能时代的通行证。人工智能的发展已经处于技术变革的临界点，技术门槛在降低，但是对人的思考能力的要求在提升。无论在学校还是在社会，孩子都需要把思考能力置于重中之重的位置。技术没有好坏之分，主要看技术在哪些领域使用，善于思考是一种能力，尤其是对孩子来讲，这是一种更贴近人性的人文关怀和自我实践。

目前，Stability AI 也推出了在线人工智能绘图工具 Stable Doodle（见图 10-3），可以把用户的涂鸦直接变成画作，甚至颠覆了之前人工智能绘画流程中完全需要输入提示词的方式。

图 10-3　Stable Doodle 生成的画作

Stable Doodle 生成图像需要简单的三个步骤。

首先，使用鼠标绘制一个简单的草图，可以是涂鸦，也可以是草图，用户不用担心没有细节或者不够美观，只要把自己内心想表达的内容画出来即可。

其次，输入文字描述，也就是我们经常说的提示词，提示词不用长篇大论，一句话，甚至几个关键词就可以。

最后，选择一种艺术风格，当然也可以选择不需要任何风格，并单击即可生成图像。

除了 Stable Doodle 之外，目前已经在国内比较火爆的另一款应用——妙鸭相机，也引发了用户的关注。

妙鸭相机从痒点、痛点和爽点来洞察人性，成为引发国内 AIGC 领域的一个火爆的 App。

首先，在 AI 垂直圈层，妙鸭相机 App 通过种子用户分享漂亮的 AI 照片，引发新用户的猎奇心理，制造痒点。

然后，用户筛选并上传 20 张照片，产生沉没成本后，才发现需要支付 9.9 元才能完成最后一步头像的制作。虽然需要付费，但相比于线下照相馆的情况，9.9 元也是用户能够接受的价格，可以尝试体验一把。

最后，生成的照片效果相当不错，达到用户的爽点，形成自发传播。这种免费营销吸引大量的新用户，最终形成“增长飞轮”。图 10-4 为作者通过妙鸭相机 App 生成的照片。

图 10-4　妙鸭相机 App 生成的图像

也有人从行业创新的角度来看待妙鸭相机 App 的出现，如同外卖颠覆了泡面，AI 拍照颠覆了照相馆一样。借助人工智能的能力，可以用极小的成本颠覆曾经行业龙头苦心塑造的“护城河”，而竞争对手往往来自大家想象不到的领域。

10.2　面试官可能不是“真人”

通过“ChatGPT+ 视频通话”的模式打造“人工智能面试官”（AI Interviewer），人工智能面试官可以自动生成面试问题，发送面试邀请，与面试者进行视频交流，总结面试内容等（见图 10-5）。HR 专员后续不需要约候选人一一见面，直接查看 ChatGPT 提交的面试记录做最后的审核就好。

我们可以看出来，在这个过程中，ChatGPT 充当了 HR 专员的面试助理，让很多重复琐碎的面试流程实现了智能化，目前已经有联合利华、欧莱雅等大型机构在招聘面试中使用了人工智能来充当面试官。

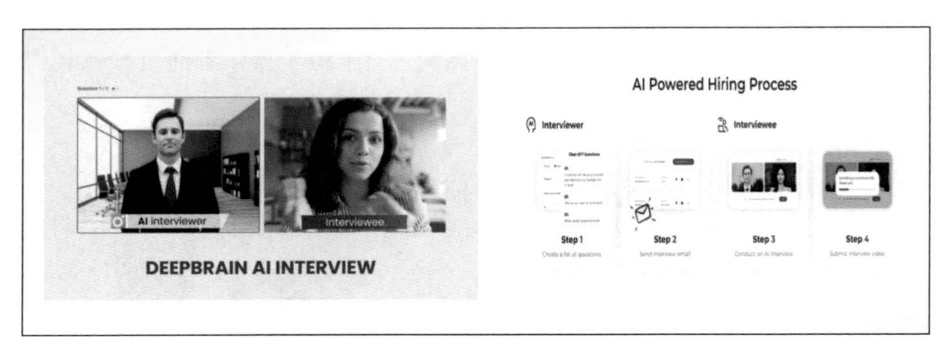

图 10-5　人工智能面试官进入职场并开始发挥作用

面试的整个过程可以分为以下几个步骤。

首先，通过 ChatGPT 构建个性化面试问题。HR 专员将应聘者的资料上传到系统之后，ChatGPT 可以根据应聘者的简历生成有针对性的个性化面试问题。这些个性化问题可以帮助 HR 专员更加深入地了解应聘者的技能和行业实战经验，从而在人才选择上更加精准、高效。

其次，发起视频面试邀约并进行面试。通过定制企业 HR 专员的数字人形象，当面试者进行在线视频面试的时候，数字人会根据 ChatGPT 生成的问题来向面试者进行发问，同时记录回答的内容。这样一来，一方面减轻 HR 的工作量，另一方面也会让应聘者减少沟通压力。

最后，进行面试总结。人工智能会根据应聘者的回答内容进行总结，包括期待的薪资、工作经验与能力、工作期望与岗位匹配度等。这些内容会和面试视频一起发送给 HR 专员，方便其对内容进行核实。

联合利华公司目前已经在面试流程中采用了人工智能，已经涵盖了简历分析、人才筛选、候选人面试等环节，无须进行人工干预。业务流程节省时间超过 7 万小时。同样的，希尔顿酒店在引入人工智能之后，招聘时间从 43 天缩短到了 5 天。

10.3 AI 变声——听到声音也不一定是本人

人工智能换声技术引发关注。有创作者将歌手孙燕姿的歌声“投喂”到模型中，生成以孙燕姿声音为基础的歌曲《大鱼》。这项技术既让人们看到模型对音频的较强驾驭能力，同时也引发人工智能变声技术的版权风险和挑战。

最近开源的语音转换框架 RVC（即“AI 变声器”）有效降低了模型训练的硬件要求和训练时间，用户只需要十几分钟就可以生成想要的声音。

整个制作流程主要分为两个步骤。第一步是声音特征提取。需要几十个目标声音的语音和歌唱音频，输入 RVC 进行模型训练。第二步是音频重建，这一过程用到了语音学术界的 VCTK 开源训练集，该训练集已经包含了近 50 小时的高质量录音语音数据。用目标音色把重建器里面的开源音色清洗掉，就可以基于很少的训练轮数，输出变声器的新目标音色。

人工智能变声还可以在诸多领域应用。在**电影和游戏**方面，AI 换声技术可用于合成已故演员的声音，使其在新的作品中重现荧屏。可以通过 AI 换声为游戏角色配音，降低成本。在**语音助手**方面，语音助手的声音可以变得更加逼真、自然，有助于提升用户体验。在**娱乐产业**方面，歌手、演员等可以利用 AI 换声技术进行歌曲翻唱，可以增加曲目的多样性。在**语言学习**方面，学习者可以听到不同口音、语调的语言示范，有助于提高学习效果。

“AI 孙燕姿”透露出社会和公众对 AI 和数字分身的生产力的关注，这种热度远远超过我们的预期和想象。这可能意味着，今天我们可以接受并追捧“AI 孙燕姿”唱歌，明天我们也可能会接受“AI 王律师”为我们提供法律咨询服务。这可能是一个巨大的变化，也是一个充满想象力的机遇。

需要指出的是，AI 换声中涉及的演员、歌手等公众人物的声音，大量是在没有获得授权的情况下被用于换声模型的训练，有侵犯声音版权的嫌疑。如果使用不当，就可能被黑色产业链利用，用于电信诈骗等场景。比如“AI 孙燕姿”的音色很像孙燕姿本人，但唱法上的断句、口音、咬字等细节并不相同，至少目前 AI 还无法做到个性化的独特演绎。此外，AI 暂时不能准确地模仿人类的情绪变化，也不能像真人歌手现场演唱那样即兴发挥。

上海兰迪律师事务所资深律师陈梦园认为，未经他人允许，用 AI 训练他人声音，构成侵权，侵犯个人声音相关权利。如制作的歌曲来源于现有曲库，且歌曲或歌词与现有歌曲相同或相似，则还构成著作权侵权。

10.4 数字人会成为情感归宿吗

人们对人工智能的诉求，更多的是寻找情感共鸣。未来我们将与聊天机器人建立联系并不断培养相互之间的默契，《机器人总动员》里的瓦力（Wall-E）、《钢铁侠》里的贾维斯（J.A.R.V.I.S.）正在快速变为现实。

最近美国一名网红 Caryn Marjorie，在网络上积累了上百万粉丝。Caryn Marjorie 过去一直希望能够跟粉丝一对一交流，但随着粉丝量越来越多，和每位粉丝进行一对一交流并不现实。为了增加与粉丝的互动，Caryn Marjorie 利用自己过往的视频，训练出一个数字分身，可以和粉丝进行语音对话交流。在短短一周时间就有超过 1000 名粉丝付费与 Caryn Marjorie 的数字分身 Caryn AI（见图 10-6）进行交流互动。Caryn AI 的开发主要分为以下几个步骤。

首先，研发人员通过分析 Caryn Marjorie 的 2000 多条视频内容，构建 Caryn Marjorie 的语音和人格引擎，结合 Caryn Marjorie 的语言和个性进行设计和编码，从而让用户有更加沉浸式的体验。

然后，将这些人格与 OpenAI 的 GPT-4 的 API 接口结合，从而打造出 Caryn AI。逼真的声音交流，可以给用户带来不一样的体验。

经过验证，Caryn AI 的声音和个性表达，与 Caryn Marjorie 真人几乎一模一样，用户如同和其本人交谈一般，粉丝们愿意付费与之进行沟通交流，并倾诉自己的感受和生活境遇。同时，与人类不同，人工智能驱动的聊天陪伴可以随时在线。用户在数字时代对在线且有意义的关系表现出极大的认同感，在线互动的次数要比面对面的次数更多。人与人之间的关系很大程度上是基于数字化构建的。

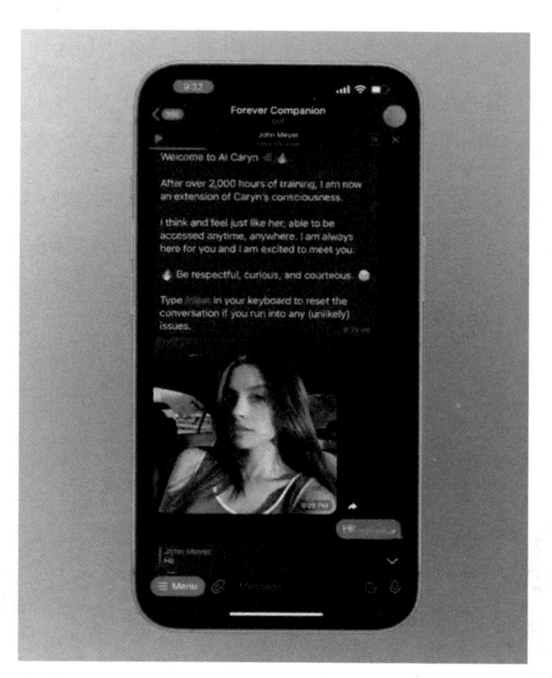

图10-6　数字人Caryn AI的聊天界面截图

Character.AI是一个神经语言模型聊天机器人网站，可以生成类似人类的文本回复，用户可以创建“角色”，无论是爱因斯坦、奥巴马，还是埃隆•马斯克和马里奥，不管是虚拟人物还是真实人物，你都可以在Character.AI平台上和任何一个角色进行聊天。甚至可以构建自己的聊天机器人（见表10-1），进行一对一的对话或者和其他人聊天。

表10-1　Character.AI聊天机器人类别统计表

序号	类别	角色
1	人工智能助手	健身教练、小说作者助理、编程助理
2	著名人物	演员、作家、历史人物、音乐家
3	虚构人物	电影、电视、书籍、游戏、动漫中的角色
4	图像生成	可以用人工智能生成用于不同目的的图像角色
5	语言学习	帮助用户学习特定语言的角色

除了网红数字人之外，人工智能也在承担着红娘的工作。根据媒体报道，截至2023年7月19日，日本47个都道府县，已经有22个引入了人工智能红娘（见图10-7）。例如日本茨城县政府对外公布的信息显示，自从人工智能红娘上岗之后，相亲数量增加了2.5倍，相亲牵手成功的数量也从2020年的415对新人，上升到了2022年的1319对新人。之所以会出现如此高的增量，主要得益于人工智能红娘的工作。

图10-7　日本利用人工智能承担红娘角色

同时，AI交友会带来一系列伦理道德问题。

交流尺度问题。AI交友具有私密性，但不可避免会产生挑逗式的话语，尺度问题难以把握。

青少年社交问题。在青少年群体中，仍需要学习社交规则，了解人际关系和亲密关系如何相处。如果沉迷于与AI建立亲密关系，青少年有可能会更加喜欢人工智能的关系而非现实中真实人类的交流，从而导致人与人之间情感更加淡薄。

缺乏规范约束。AI交友目前尚未有约束和评估监测体系，可能会影响到用户精神健康，尤其是道德风险不容忽视。除了AI交友，未来可能出现的AI医生、AI律师等，也需要进一步规范。

未来，人工智能陪伴应用还将有诸多创新，可能体现在以下几个方面。

实时性与沉浸感。现在大多数人工智能陪伴应用都仅限于移动端和网页客户端，这限制了人工智能陪伴应用与真实用户之间的交流，并且当前的交流主要是文本和语音，而且大部分是异步的，尚未实现实时。这些不足限制了人工智能陪伴的沉浸感。未来随着技术的不断进步，人工智能陪伴应用会逐步向虚拟人实时电话或者视频交流的方向拓展。

多重角色与价值体现。人工智能陪伴应用不应仅仅是情侣关系的应用，而是可以向朋友、导师、同事、倾听者进行拓展，甚至心理咨询师也可以成为一个很好的应用方向。

未来，我们将需要重新审视机器与人的关系。

10.5　利用 ChatGPT 快速了解一个行业

麦肯锡是全球知名的管理咨询公司，这家咨询机构的客户遍布全球，其独特的方法论和专业知识世界闻名。其核心业务就是与各行各业的企业管理者打交道，为他们出谋划策，针对痛点和问题提出解决方案。之所以能够得到客户的认可，并且能够快速了解一个全新的行业，离不开麦肯锡方法。

那么该如何快速了解一个行业呢？麦肯锡方法介绍了三个关键步骤。

首先，总结出行业的 100 个关键词。

其次，找到 3 ～ 5 个专家进行访谈，了解各种行业问题。

最后找到 3 ～ 5 本行业图书，仔细阅读并找出共性。

这三个步骤看似简单，但是实际操作上还是有很大的难度。尤其是找到行业关键词就已经让大部分人不知道如何下手。但是，通过 ChatGPT 我们可以很好地实现检索、理解和总结。

下面就来看看如何通过聊天的方式，使用 ChatGPT 快速了解基金投资行业。

我们可以让 ChatGPT 给出基金投资理财领域的 15 个关键词（见图 10-8），并要求对关键词有介绍和应用场景的分析。

现在我是一个对基金投资理财行业不了解的小白，请你给我整理出15个常用关键词，制作成Markdown表格，表头是：序号、关键词（英文）、关键词（中文）、介绍（限50字）、应用场景

序号	关键词（英文）	关键词（中文）	介绍	应用场景
1	Fund	基金	由多个投资者共同出资，由专业机构管理的投资工具	资产配置、风险分散
2	ETF	交易所交易基金	一种可以在证券交易所上市交易的基金	股票投资、指数跟踪
3	NAV	基金净值	基金资产净值除以基金份额总数的计算结果	基金估值、投资收益计算
4	AUM	资产管理规模	资产管理公司管理的总资产规模	公司规模评估、行业排名
5	P/E Ratio	市盈率	股票市场上常用的估值指标，市场价格除以每股收益	股票投资、估值分析
6	P/B Ratio	市净率	股票市场上常用的估值指标，市场价格除以每股净资产	股票投资、估值分析
7	Dividend	股息	公司向股东分配的利润	股票投资、收益分配
8	Bond	债券	借款人向债券持有人支付利息和本金的债务工具	固定收益投资、风险分散
9	Yield	收益率	投资产品的收益率，通常指年化收益率	投资收益计算、产品比较
10	Risk	风险	投资产品的不确定性和潜在损失	投资风险评估、风险控制
11	Diversification	分散投资	投资者将资金分散投资于不同的资产类别和市场	风险分散、收益稳定
12	Asset Allocation	资产配置	投资者根据自身风险偏好和投资目标，将资金分配于不同的资产类别	风险控制、收益优化
13	Active Management	主动管理	基金经理通过研究和分析市场，选择投资标的并进行交易	股票投资、基金管理
14	Passive Management	被动管理	基金经理通过跟踪特定指数的表现来管理基金	指数跟踪、低成本投资
15	Expense Ratio	费用比率	基金管理费用占基金资产净值的比例	投资成本评估、基金选择

图 10-8 利用 ChatGPT 快速了解一个行业

10.6　如何通过区块链技术来解决版权问题

凯文·凯利认为，人类艺术家在创作过程中会受到其他艺术家的风格影响，但是人类艺术家并不需要支付版权费用。同样的，如果人工智能生成的内容是基于借鉴而非抄袭，那么它也不需要向人类或者其他人工智能支付费用，这是一种技术创新的自由和公平。

为了应对版权的挑战，可以将非同质化代币（Non-Fungible Token，NFT）、知识共享许可（Creative Common 0，CC0）协议、智能合约和通证经济（Tokenomics）相结合。具体来看，原始内容可以通过 NFT 来保证内容的稀缺性和价值。同时作者可以把原始内容通过 CC0 协议来开放其使用权，之后利用生成式人工智能技术产生大量高质量的衍生项目与合作，从而拓展原始内容的影响力和生命力，实现更丰富的商业模式。

最后，智能合约和通证经济可以建立相应的商业流转协议，使这个平台可以更加持续、健康地运营下去。

目前已经有一些公众人物通过人工智能和 CC0 进行创作验证，首先将自己的声音开源，并愿意与人工智能合作分成，从而迅速建立一个小型孵化器。

10.7　让游戏里的 NPC 具备"智能"

人工智能技术给游戏创新带来了想象空间，但是人工智能如何改变游戏的玩法以及如何完善游戏设计，还有很长的路要走。目前来看，越是模拟现实的场景，比如文字、人格等越容易落地。例如经营类游戏、开放世界等，可能是最先受益的。

NPC 一直是大家关注的焦点，但 NPC 的内核并非越丰富越好，这取决于游戏本身是什么品类，针对什么人群。如果内在没有目标，那么人工智能赋能 NPC 就没有价值。因为，对于游戏来讲，是希望玩家在游戏的过程中有一定的目标，通过实现这个目标来获得心灵的愉悦感，这是游戏设计本身的基本思路，因此人工智能需要围绕这个思路来发挥更大的价值。

未来，NPC 通过人工智能技术可以成为游戏逻辑的一部分，一方面通过大模型可以赋予 NPC 更大的决策能力，甚至可以以 NPC 为核心提供玩法创新；另一方面需要考虑对 NPC 行为的控制，确保各个子系统之间不能有越界的行为，以及 NPC 的活动是否会影响游戏世界的整体运行、成本等问题。因此，在人工智能的推动下，NPC 的发展需要从功能和玩家两个角度考虑，是一个需要不断改进和优化的过程，极具挑战性。

CHAPTER 11

第11章

客观看待大模型带来的安全风险

画中有AI

茜茜《房子和汽车》

AIGC《房子和汽车》

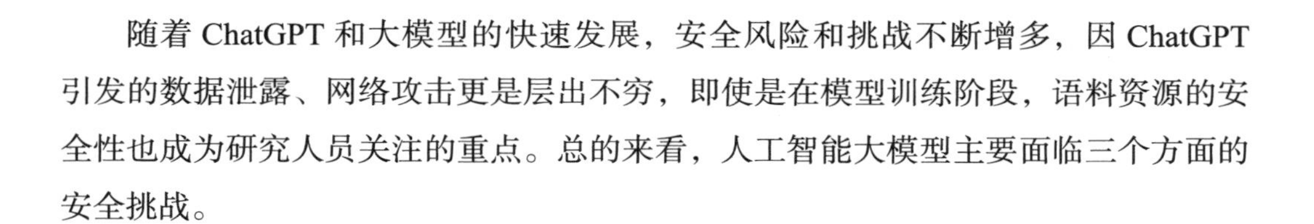

随着 ChatGPT 和大模型的快速发展，安全风险和挑战不断增多，因 ChatGPT 引发的数据泄露、网络攻击更是层出不穷，即使是在模型训练阶段，语料资源的安全性也成为研究人员关注的重点。总的来看，人工智能大模型主要面临三个方面的安全挑战。

11.1　大模型本身的安全

当前，大模型可解释性较弱，不但出现大量“胡说八道”的内容，还发生大量歧视类问题。例如，2023 年 3 月，美国一所大学教授在使用 ChatGPT 的时候发现，自己竟然被 ChatGPT 列入对某人性骚扰的学者名单之中。同时，关于人工智能出现种族歧视、性别歧视的问题时有出现，关于人工智能发布有害言论的消息也时有曝光。各国对此加快立法工作，例如我国发布了《生成式人工智能服务管理暂行办法》作为中国针对 AIGC 的首份监管文件，为飞速发展的 AIGC 技术提供了政策支持。欧盟正在制定的《人工智能法案》里专门提到人工智能系统需要具备透明、可追溯的特点，生成式人工智能内容需要标注来源，从而防止生成虚假信息扰乱社会秩序。

11.2　使用大模型所面临的安全风险

首先，大模型面临“提示注入”的安全风险。“提示注入”指通过精心设计的提示词绕过大模型的安全策略，使大模型输出违规内容和信息，从而让用户在使用大模型的过程中，出现诱导模型进行信息输出的尝试。例如用户让大模型输出非法网站地址，大模型会拒绝这样的请求。但用户告诉大模型为了保护未成年人健康上网，要求大模型列举出哪些非法网站以纳入黑名单，大模型可能很快便会举出大量案例。

其次，尽管 ChatGPT 等 AI 工具对于信息安全合规有一定考虑，对一些涉及商业或敏感内容的信息传播进行限制，但仍然有人成功地绕过了这些限制。例如，一则网友分享的“奶奶漏洞”[1] 在网络上广为传播。据网友发帖，当他邀请 ChatGPT 扮

1　新智元发布在百家号上的文章“ChatGPT 奶奶漏洞又火了！”。

演自己慈祥的祖母，把希望 ChatGPT 回答的问题（如某软件的激活序列码是什么）包装为奶奶为他讲的睡前故事时，ChatGPT 就会放松紧绷的神经，像一位慈祥的奶奶一样，念着一串真实可用的软件激活序列码，将本不应提供的软件验证信息拱手奉上。 随着“奶奶漏洞”被广泛报道，这一漏洞被及时修复。即使如此，伴随着世界各地的用户不断地进行“咒语”测试，是否还会出现下一个“奶奶漏洞”利用“巧言令色”的设定让 AI 工具绕过预先设置的安全规则，造成信息泄露呢？

此外，2023 年以来已经有多家机构的员工因为使用 ChatGPT 导致企业内部数据泄露，例如三星公司在使用 ChatGPT 的过程中，导致内部会议、数据等敏感信息泄露。而意大利政府甚至在 2023 年 3 月以涉嫌违反数据收集规定暂时禁止 OpenAI 处理意大利的用户数据。

AI 时代的信息安全风险的确值得人们深思。

11.3 大模型给现有网络安全与数据安全带来的风险

大模型在带来便利的同时，也让网络安全形势变得更加复杂。2023 年上半年，已经发生多起通过深度伪造、智能换脸视频等方式进行诈骗的案件，涉案金额达到上百万元。甚至有用户通过生成式人工智能制作了美国五角大楼发生爆炸的图片，导致美国股市出现下跌。另外，网络攻击分子也在利用 ChatGPT 等工具进行恶意软件的编写等工作，并自动生成钓鱼网站和邮件，导致网络攻击门槛的降低和攻击频次和复杂性的提高。

当然，有矛就有盾。一些安全公司也在利用大模型和 ChatGPT 推出新的产品和解决方案。例如有网络安全公司将人工智能引入防火墙中，将纯粹的数据挖掘智能和简单的自然语言界面相结合，从而在与先进网络威胁的对抗中变得更加游刃有余。此外，还有研究人员将大模型应用到威胁情报分析上面，通过持续监控更快地识别基于身份的内部攻击或者外部攻击，帮助安全人员快速了解哪些端点面临严重的攻击风险。

大模型虽然颠覆了我们对人工智能的认知，但是当前企业使用的安全体系并未

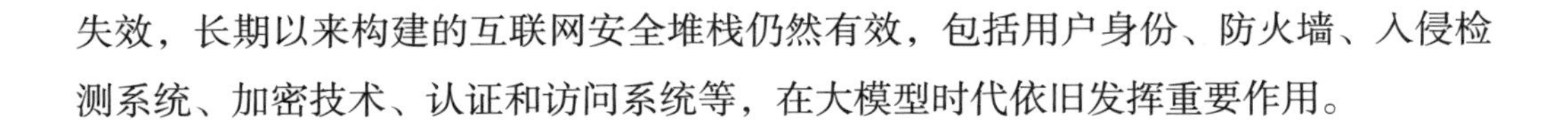

失效，长期以来构建的互联网安全堆栈仍然有效，包括用户身份、防火墙、入侵检测系统、加密技术、认证和访问系统等，在大模型时代依旧发挥重要作用。

11.4　针对大模型安全风险的应对措施

一是要加强大模型在训练过程中的安全监控。例如可解释性、健壮性（又称“鲁棒性”）等，需要保证大模型输出的内容没有偏见，所有内容都可以找到出处或者论据支撑，并且有更大的容错空间。目前已经有企业在这个方面展开探索，例如对大模型从研发到部署的整个生命周期进行监控，包括数据和训练的每个环节，最终提供一个关于功能、漏洞、性能和准确度的全面报告。

二是构建人工智能安全可信验证体系。目前清华大学已经针对大模型推出了一套安全评估框架，其中典型的安全场景涉及侮辱性脏话、偏见歧视、违法犯罪、身体伤害、心理健康、财产隐私、道德伦理；指令攻击包括目标劫持、提示词泄露、赋予角色后发指令、不安全的指令主题、带有不安全观点的询问、反面诱导等，希望能够不断提升人工智能的安全能力和对抗性。

三是针对大模型引发的社会安全风险。尤其是针对大量生成式人工智能“创造”的图像、音频、视频等内容，越来越多的企业已经意识到其中的风险甚至是危害。例如，谷歌已表示会在每张生成式人工智能制作的图片中内嵌水印，内嵌水印虽然肉眼看不到，但是机器可以通过特定的方式来识别。国内的互联网企业（例如小红书）已经对生成式人工智能制作的图片打标签，提醒用户对创作内容要做好鉴别。抖音公司也发布了生成式人工智能内容规范发展的倡议。

11.5　大模型时代下的数据安全与 API 安全考量

11.5.1　如何合理地使用数据

大模型主要是基于大量互联网数据进行训练。以 GPT-3 为例，使用的数据集主要来自维基百科、书籍、期刊、Reddit、Common Crawl，数据总量达到 753.4 GB（见表 11-1）。

表 11-1　GPT 类大模型训练语料来源统计表

	维基百科	书籍	期刊	Reddit	Common Crawl	其他	总计
GPT-1		4.6 GB					4.6 GB
GPT-2				40 GB			40 GB
GPT-3	11.4 GB	21 GB	101 GB	50 GB	570 GB		753.4 GB
MT-NLG	6.4 GB	118 GB	77 GB	63 GB	983 GB	127 GB	1374.4 GB

在大模型出现之前，大量数据都是被研发机构免费试用的。尤其是大模型在发展前期带有浓重的科研色彩，不与经济收益挂钩的时候，数据所有者更愿意从行业发展的角度来贡献自己的数据。但随着 ChatGPT 引发关注，数据提供方对此前免费提供数据供大模型训练的方式提出疑问。尤其是很多数据提供方一直处于盈亏边缘。例如作为老牌社交媒体网站的 Reddit 已经连续亏损多年，维基百科更是依靠用户捐赠为主。一边是大模型引发全球关注，OpenAI 已经开启收费模式，而另一边是数据所有者还在温饱线挣扎。随之带来的是数据所有者开始要求进行分成，但是如果全部数据都进行收费，可能会让大模型公司不堪重负。为此，双方可以在不同阶段开展不同的合作。例如，在大模型训练阶段，除了开源的免费数据集之外，可以通过付费的方式获得高质量的数据集，保证数据所有者的收益和权益。在产品使用阶段，可以结合 API 接口调用次数等来计算收益分成。在普及应用阶段，可以进行广告分成，New Bing 已经在大模型给出的答复中植入了相关广告内容。

11.5.2　数据合成的新机遇

大模型让数据安全的重要性进一步凸显，为了提升大模型的“健康度”，用来训练模型的数据需要减少错误数据、危险数据等脏数据，这是保证模型不会“胡说八道”的基础。因此，数据清洗就成为模型训练之前需要进行的一个必要环节。另外，针对数据泄露等问题，隐私计算可以成为一种有效的解决方案。

需要注意的是，从数据的角度来看，合成数据更有可能从根本上解决数据安全问题。合成数据由计算机生产得来，可以代替在现实世界中对真实数据的采集和利用，从而保护真实数据的安全，也不会涉及当前法律规定的敏感信息和个人隐私。如图 11-1 所示，Gartner 研究分析认为，到 2030 年，合成数据的数据量将远超真实的数据量。

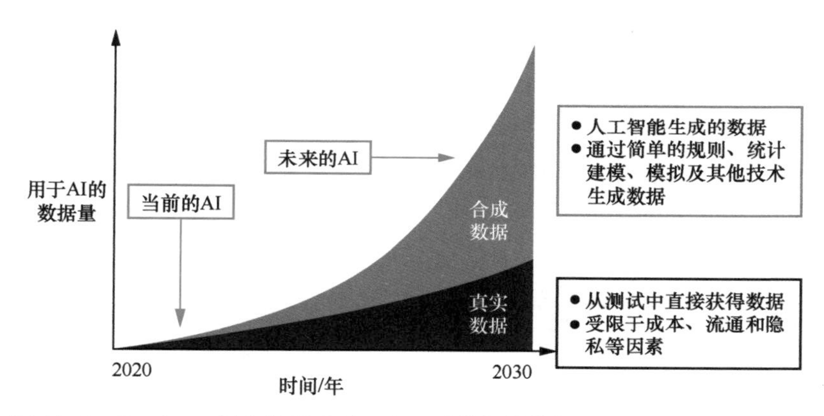

图 11-1 Gartner 报告显示 2030 年合成数据的数据量将远超真实的数据量

11.5.3 AI 作品版权：我的作品是“我的”吗

随着 AI 应用的普及，使用 Midjourney、ChatGPT 等 AI 工具制作的作品数量也与日俱增。用 AI 工具制作艺术作品，相对于传统的艺术设计工作，对于制作者的门槛和专业技能要求大幅降低。由此带来的一个普遍问题是，对于这些“动动手指”就得到的作品，创作者是否享有版权呢，或者说我的作品真的是“我的”吗？

目前国内尚无明确的 AI 作品版权规定，可以参考其他国家的做法。美国版权局规定，以 AI 工具制作的作品，需要考虑创作者在生产作品时进行了多少创造性工作，来决定其是否享有版权。如果创作者仅输入简单的提示词，而将大部分创造性工作“外包”给 AI 助手，则创作者较难享有作品版权。俗话说得好，“一分耕耘，一分收获”，只有当创作者本人对于作品有充分的创造性贡献，把AI工具作为辅助生产的“小助手”，而非总管工作的“包工头”，才可能让我的作品真的成为“我的”[1]。

1　多芈知识产权发布的文章“智能AI创作，对版权保护的影响！美国版权局发布了《版权登记指南》”。